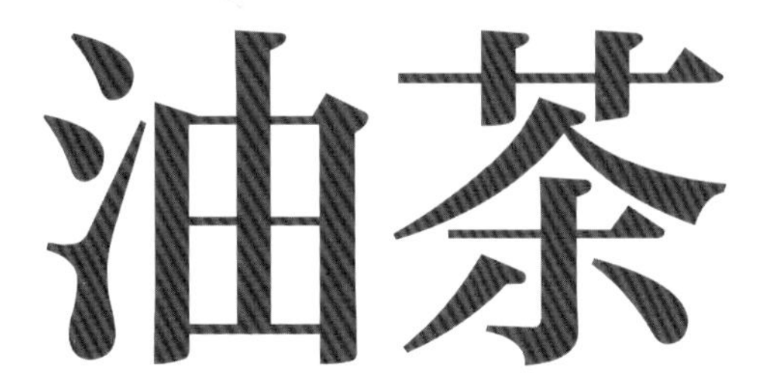

油茶栽培与病虫害防治

主　　编　束庆龙

副 主 编　杨光道　倪金明

编写人员　束庆龙　杨光道　倪金明

张　鑫　曹志华　吴　炜

胡娟娟　李春生　詹文勇

方成俊

中国科学技术大学出版社

内 容 简 介

本书对油茶栽培技术与病虫害防治进行了较为全面系统的介绍，内容包括：油茶基础知识、良种繁育、早实丰产林营造、增强抗逆性（冻害）栽培、低产林改造、病虫害防控等。本书首次提出或强调了一些新的概念和技术，如扩根容器苗繁育技术（第二章），“中耕防草”和“降密增肥”技术（第三章），增强抗冻性栽培技术（第四章），新低产林改造及预防措施（第五章），油茶灾害类别及预防（第六章）等，内容丰富，图文并茂，具有较强的系统性、实用性、新颖性。

本书可供从事油茶研究、生产和管理的人员参考，也可作为大专院校农林专业学生的学习资料。

图书在版编目(CIP)数据

油茶栽培与病虫害防治/束庆龙主编. —合肥：中国科学技术大学出版社，2019.2(2023.7 重印)
ISBN 978-7-312-04651-3

Ⅰ.油… Ⅱ.束… Ⅲ.①油茶—栽培技术 ②油茶—病虫害防治 Ⅳ.①S794.4 ②S763.744

中国版本图书馆 CIP 数据核字(2019)第 022038 号

出版 中国科学技术大学出版社
安徽省合肥市金寨路 96 号，230026
http://press.ustc.edu.cn
https://zgkxjsdxcbs.tmall.com
印刷 安徽国文彩印有限公司
发行 中国科学技术大学出版社
经销 全国新华书店
开本 889 mm×1194 mm 1/32
印张 5
字数 144 千
版次 2019 年 2 月第 1 版
印次 2023 年 7 月第 4 次印刷
定价 35.00 元

前　言

——写给油茶业者的话

油茶是集经济效益(茶油价格高)、生态效益(生物防火)和社会效益(保健油)于一体的木本油料树种,自2009年中央一号文件提出要大力发展油茶以来,油茶在我国发展迅猛。目前,部分油茶林已进入丰产期,每亩(1亩约为666.67平方米)鲜果产量少数林分已达500千克,个别林分甚至高达1105千克(安徽省潜山县,2018),效益显著。但也有不少油茶林的产量不如预期,甚至处于亏损状态,究其原因,作者认为以下问题需要审慎考虑:

一、目标要明确

油茶是经济林木,营造油茶林的主要目标是获得经济效益。为达到预期的经济目标,发展油茶要像栽植果树那样高标准选地、整地与精心管护,而不能像栽植生态公益林、一般用材林那样低标准大面积栽植、粗放经营。若选地不当或粗放管理,经济林就会变成生态林,失去经济林的功能。

二、规划要合理

油茶是经济林木,发展时要充分考虑它的单位面积投入较大、回报周期较长等特点。因此,油茶基地的建设一定要量力而行,发展速度千万不能过快,发展规模千万不能过大,要在高产、稳产上下功夫,否则,就会出现有钱栽树、无钱管护,导致油茶林荒芜,投资失败。

三、技术要到位

油茶是经济林木，发展油茶一定要做到“良种＋良法”。“科学技术是第一生产力”，油茶业主，尤其是生产第一线的操作人员，应加强理论学习和技术培训，不能降低栽植技术要求或错误操作。目前，油茶良种问题已初步解决，但仍有很大的改善空间。在“良法”方面，油茶管护应园艺化，认真做好栽培与管理中的各项措施。若技术不到位，将给油茶生产带来不同程度的损失。例如，选地不当将导致生长不良；栽植品种配置不合理将影响授粉；栽植过深将降低栽植成活率与后期生长；除草不到位将使油茶林荒芜；挂果期密度过大将大幅度降低产量等。

四、效益要投入

油茶是经济林木，为了获得好的效益，必须要有合理的投入。例如：(1) 在选地时，选择立地条件较好、便于管理的地段，租金稍贵，但为丰产奠定了基础；若选择坡度大、土层瘠薄或气候不良的地段，租金可能较为便宜，但是增加了生产成本，且产量低下，难以获得效益。(2) 在整地时，挖大穴、深施基肥，大约每亩多投入百余元成本，但可提前两年进入丰产期，且可长期增加产量。(3) 在管护中，适时除草、科学施肥、及时整形修剪、合理控制密度，方可获得预期的产量。在当前油茶生产中，由于各种各样的原因，出现了选地不当、前期投入不足、栽培管理技术不到位等问题，导致部分油茶产量低、效益差。

2016 年，茶油被列入国家主要大宗植物油计划序列，成为国民主要食用油脂油料之一。因此，油茶产业在我国将是一个绿色、长久性的产业，发展油茶如同种植油菜、大豆等油料作物一样，将会世世代代传承下去。近 10 年的油茶生产已为我们积累了丰富的经验和深刻的教训，为未来油茶产业的健康发展奠定了良好的基础。本书正是在总结了大量的生产经验的基础上撰写的，希望能对油茶业者有所帮助。

本书在编写过程中得到了各方面的支持，安徽农业大学张龙娃教授提供了部分昆虫照片，安徽农业大学杨春材教授和中国林业科学研究院亚热带林业研究所舒金平博士帮助鉴定了部分昆虫，潜山县林业局王其林等同志提供了一些生产信息和部分照片，书中也参考和借鉴了一些专家、学者的论文与论著，在此一并表示感谢！

由于编者水平有限，尤其是首次提出或强调了一些新的概念和技术，书中存在表述不确切甚至错误在所难免，恳请读者批评指正。

束庆龙

2019年1月

目　　录

第一章　油茶基础知识

油茶(*Camellia oleifera* Abel.)是我国南方特有的重要木本油料树种，是与油棕、油橄榄、椰子齐名的世界四大油源树种之一。油茶主要分布于我国广大的亚热带地区，据统计，截至2017年年底，我国油茶林总面积达6500万亩，分布在湖南、江西、广西、浙江、福建、广东、安徽、贵州、湖北、云南、四川、河南、江苏、陕西、甘肃、海南、重庆、台湾共18个省(市、区)、1100多个县市，年产茶油60万吨，产值近千亿元。近年来油茶林面积和茶油产量一直呈现快速增长趋势。

安徽省油茶林面积285万亩(2018年)，分布于淮河以南的10个市、45个县(市、区)，计划至2020年，全省油茶种植面积达到300万亩。具体分布在六安市、安庆市、黄山市、宣城市、马鞍山市、芜湖市、合肥市、池州市、铜陵市、滁州市等地。其中，种植面积最大的市为六安(约100万亩)，最大的县为舒城(31万亩)，分布最北缘的地区是凤阳县(北纬32°47′)。

近年来，我国的食用油一直严重依赖进口，目前的依存度高达70%左右；此外，食用油质量安全也存在巨大隐患，如转基因大豆与食用油浸出工艺是否安全等，这些都对我国的食用油安全发出了警示信号。2009年、2010年，连续两年的中央一号文件都提出要大力发展油茶等木本油料树种；2009年11月，经国务院批准，国家发改委、国家财政部、国家林业局发布了《全国油茶产业发展规划(2009～2020)》，文件提出，至2020年，全国油茶林基地面积达到7018万亩(其中新造2487万亩)；2014年12月，国务院办公厅印发《关于加快木本油料产业发展的意见》(国办发〔2014〕68号)，对油茶等木本油料产业发展提出了新的要求。自2008年以来，国家林业局每年召开一次全国油茶产业发展现场会，制定出台了一系列政策，全力推动油茶产业发展。国家对发展油茶等木本油料产业给予了高度的重视。

随着我国经济稳步发展、人民生活水平不断提高以及面临的粮油安全形势日益严峻等，具有食用和保健双重作用的油茶产业正面临新的发展机遇。利用广阔的荒山荒地大力发展油茶种植，在不与粮食争地的前提下增加我国植物食用油的供给，将使油茶种植成为可持续发展壮大的朝阳产业。

第一节　油茶的生物学特性

油茶树的寿命很长，从种子萌发成幼苗，再经生长发育到开花结实，直至自然衰老死亡，整个过程长达80～100年，有的甚至达150年以上。主产区油茶林的植株年龄一般都在60年以上，若管理措施得当，70年以上的老油茶树仍能正常结实。在安徽舒城、怀宁等县，存在一些百年以上的油茶古树，目前仍长势良好，如怀宁一株百年以上的油茶树，年产鲜果达75千克。

油茶在整个生长发育过程中，要经过几个性质不同的发育阶段，每个发育阶段都会表现出固有的形态特征和生理特点。因此，了解油茶的个体发育过程，不仅有理论意义，而且在栽培上可针对各个阶段的生理特点，分别制定相应的林业技术措施，尽量满足不同时期油茶生长发育对环境条件的要求，达到速生、早实、丰产、稳产和优质等目的。

一、生命周期

在油茶个体发育过程中，要经过萌芽、生长、结实、衰老、死亡，这一过程包含了油茶的全部生命活动，因此称为生命周期，也称年龄时期。油茶造林苗木来源于无性繁殖苗和实生苗（目前实生苗被限制使用）两大类，其生命周期分别介绍如下。

（一）油茶实生苗生命周期

实生苗是由胚珠受精产生种子并萌发而长成的个体，其生命周期一般分为 3 个阶段。

(1) 童期：从种子播种后的萌发开始，到具有第一次分化花芽和开花结实能力时为止。该阶段包括胚芽萌发期、幼苗期和幼年(树)期，历时 5～6 年。处于童期的油茶树主要是营养生长，其间无论采取何种措施都难以使其开花结实。

(2) 成年期：从植株具有稳定持续开花结实的能力起，到开始出现衰老特征时为止。成年期依其结实状况又可分为结果初期、结果盛期、产量更新期。该阶段一般为 60 年左右。

(3) 衰退期：一般从 60 年生以后、树势明显衰退开始，到树体最终死亡时为止。

以上 3 个阶段的持续时间不是固定不变的，会因品种、生产环境、栽培措施的变化而变化。如同一个品种，生长在立地条件优越的环境中相比生长在立地条件恶劣的环境中，其盛果期要长得多。在栽培上，可以通过选育优良品种，创造良好的栽培环境，大幅度延长成年期中的结果盛期。

(二) 油茶无性繁殖苗生命周期

无性繁殖苗由母体上已具备开花结实能力的营养器官再生培养而成，包括嫁接苗、扦插苗和组培苗。无性繁殖苗不需要度过较长的童期，但为了保证优质稳产，延长树体寿命，必须经过一段时间的旺盛营养生长期，以积累足够的养分，促进开花结实。其生命周期一般分为 4 个阶段。

(1) 幼年期：又称幼树期，从定植起到第一次开花结实时为止，一般为 3～4 年。这一时期以营养生长为主，其特点是：树体离心生长旺盛，根系和地上部分生长迅速，吸收面积和光合(叶)面积迅速扩大，树体和根系的骨架逐渐形成。新梢生长量大，具有二次或多次生长，停止生长较晚，养分主要用于树体的生长。幼树期的长短与油茶的物种、品种(类型)和立地条件有关，理想的物种和立地条件可提前达到早实丰产的目的。

(2) 初果期：又称结实初期，从第一次开花结实到大量结实之前，一般为 3～4 年。本期特点是：营养生长仍然占优势，树冠和根系继续迅速扩大，树体的离心生长加快，枝条分级次数增多，光合面积不断增大，花芽容易形成，结实部位增多，果实产量逐年上升。

（3）盛果期：又称盛产期，从形成经济产量起，经过丰产稳产至产量明显开始下降时止。盛产期是油茶稳产、丰产和增进品质的时期，也是油茶经济效益最好的时期。此期的特点是：树冠扩大到最大限度，骨干枝离心生长逐渐停止，枝条和根系的生长渐渐变缓，部分小枝和细根开始死亡更新，结果枝大量增加，产量达到高峰。盛产期的养分大量、集中供给果实生长，很容易造成营养物质的供应、运输、分配以及消耗与积累之间平衡关系和代谢关系的失调，致使各年份的产量有所波动而出现“大小年”现象。因此，此期的主要栽培任务是：加强土壤管理和水肥供应，控制和防止“大小年”的出现。油茶盛果期的长短与立地条件、经营管理水平以及栽培物种和品种（类型）有关。在正常情况下，普通油茶8～10年后即进入盛果期，可延续50年左右。

（4）衰老更新期：又称变产更新期，从盛果后期（一般70～80年生）产量出现明显波动始，直至几乎没有经济产量时为止。本期特点是：枝条先端生长量小、细弱，顶芽或侧芽很少萌发旺盛的新梢；骨干枝先端生长衰弱，甚至干枯死亡，结实部位不稳定；冠内出现徒长枝，发生强烈的向心更新，树体营养严重不足或分配失调，致使结果枝组大量枯萎死亡。本期的主要任务是充分利用徒长枝，重新培养新的结果枝组，尽量维持产量。

二、年生长周期

油茶年生长周期是指每年随着气候的变化，其生长发育出现与外界环境条件相适应的形态和生理变化，并呈现出一定的规律性，这种与季节性气候变化相适应的油茶器官的形态变化时期称为物候期。如油茶春天的萌芽、抽梢期，秋天的开花期等。

油茶是常绿树种，无明显的休眠期，但在北缘地区，冬季一段时间油茶生长处于相对休眠期。油茶的一般生长规律是：2

月中旬根系开始生长;3 月中下旬开始萌芽、展叶和抽梢,幼果缓慢生长;5 月初春梢生长渐缓或停止,花芽开始分化,茶果进入快速增长期;7～8 月茶果增长迅速;9 月末至 10 月果实相继成熟进入采收期;10 月多数进入开花期,经授粉受精后开始坐果;12 月气温降低,幼果生长极其缓慢或停止,北缘产区幼果常宿存于花被中越冬。

三、主要器官生物学特性

(一) 根系

根是植物极其重要的组成部分,它起着吸收、固定、运输、贮藏和合成等作用。油茶为轴状型深根性树种,主根特别发达,可伸入地下 1～2 米甚至更深处,同时具有强烈的趋肥性、趋水性和再生能力,所以油茶能够在瘠薄的山丘生存和繁衍发展,素有"瘠土明珠"之称。

油茶虽是深根性的树种,但吸收根仍多分布于 20～50 厘米的土层内。2 月中旬根系开始活动,先于地上部分 1 月有余;3 月上旬进入生长迅速期并出现第一个生长高峰,这时土壤温度为 17℃左右;9 月末果实生长发育渐缓,至花期之前,根系又开始生长并出现第二个生长高峰,这时的土壤温度为 27℃左右;10 月后生长渐缓;12 月至翌年 2 月根系停止生长,进入相对休眠阶段,此期是进行油茶林地深翻复垦的最佳时期。

(二) 枝梢

油茶的枝条按生长年限、生长势及功能的不同分为若干类型。一般由叶芽萌发在当年形成的带叶的枝梢叫新梢。枝梢按萌发季节的不同,分为春梢、夏梢和秋梢 3 种。

(1) 春梢一般由 1 年生枝的顶芽或其下几个侧芽抽生。3 月中旬叶芽萌发,随后展叶新梢生长,5 月中旬逐渐木质化,生长期为 55～70 天。春梢是幼树建造树冠的主要枝条。春梢当年可形成花芽,是翌年的结果枝。因此在生产中,促进春梢生长发育是提高油茶产量的重要途径。

(2) 夏梢一般发生在生长旺盛的幼树或结实初期的油茶树上,多由当年春梢的顶芽抽生,始于5月下旬至6月初,终于7月下旬,生长期为60～70天。夏梢能使幼树迅速形成树冠,增加叶面积指数,对幼树提早结果是有利的。抽发较早的夏梢,也能当年形成花芽,成为翌年的结果枝。盛果期、生长衰弱、当年结实特别多的油茶树上很少出现夏梢。

(3) 秋梢多由幼树夏梢顶芽萌发而来,始于8月底9月初,终于10月底11月初。秋梢生长期短,枝条成熟度差,易遭受早霜危害。

油茶的枝梢按不同功能分为结果枝和营养枝。结果枝是指一些直接着生有花和果实的枝条;营养枝则是指那些只长枝叶、不开花结果的枝条。油茶在幼树阶段常因生长旺盛,地上部所抽生的枝梢几乎都为营养枝;但随着树龄的不断增大,树体枝叶不断增多,春梢形成结果枝的比例不断增加。盛果期的油茶树上除根部发生的徒长枝(特点是直立、旺长、停长晚、节间长、组织发育不充实、消耗大量水分和养分,影响生长和结果)是营养枝外,春梢几乎全部会成为结果枝。

(三) 芽与花芽

1. 芽类

芽是枝、叶、花的原始体,由生长点、苞片和鳞片构成。芽萌发后,可以形成地上部的叶、花、枝、树干、树冠,甚至一株新的植株。

油茶的芽按其性质不同可分为叶芽和花芽;按其在枝条上的着生位置不同分为顶芽、侧芽和不定芽。着生在枝条顶端者称顶芽,着生于叶腋处的称侧芽或腋芽,顶芽和侧芽的着生均有一定位置故统称为定芽;从枝的节间、愈伤组织或根以及叶上发生的芽称为不定芽。按在同一节上着生芽的数目可分为单芽和复芽(2～6个),复芽不论多少,其中只有一个是叶芽,其余都是花芽。叶芽瘦小,萌发后只抽生枝梢和叶片;花芽肥大,萌发后只开花结果。顶芽的萌芽率最高、生命力最强,腋芽次之。

2. 花芽分化

随着新梢不断生长，叶芽逐渐显现于叶腋。当新梢进入缓慢生长或停止生长后，由于养分的积累，叶芽的生理和形态向花芽方向转变，即花芽开始分化。油茶的花芽分化一般从 4 月末至 5 月初开始，6 月下旬至 7 月下旬为花芽分化盛期，8 月末基本结束。花芽分化期的最适气温为 27～29℃。花芽分化时间，一般早熟品种早于晚熟品种，丘陵地早于山地，营养条件好的、树势壮的先于树势差的，老树早于幼树。即使是同一片油茶林分，甚至同一植株，花芽分化的时间也不一致，如顶芽分化率高于侧芽，且早 5～10 天；树冠上层枝条芽的分化率高于下层，时间早于下层；树冠南面先于北面。这些是造成油茶花期不一致和花期时间较长的主要原因。

（四）开花、授粉

油茶花期在遗传上是相当稳定的。根据花期出现的早晚，普通油茶被划分为极早花类型(9 月中下旬，如秋分籽)、早花类型(10 中旬，如寒露籽)、中花类型(11 月上中旬，如霜降籽)和晚花类型(11 月下旬至 12 月，如立冬籽)。

油茶花期也是上一年所结果实的成熟期，形成花、果并存的特有现象(图 1.1)，群众称之为“抱子怀胎”。油茶花以上午 9 时至下午 4 时开放最多，晚间闭合，次日再次开放。每朵花从开放到凋谢历时 5～6 天；单枝历时周余；单株从始花期至花期结束历时月余。

图 1.1 花果并存

油茶为两性花、异花授粉植物，孤雌不能生殖。自花授粉不孕或受孕率低下，一般为 20%左右。在当前广泛使用油茶无性繁殖苗的情况下，每一油茶良种都是从同一母株繁育而来的，因此，务必注意采用数个（4 个以上）花期一致的品种（或品系）搭配混栽，以提高异花授粉能力。

油茶盛花期间的头 2 天开花最为旺盛，授粉成果率也最高，花朵坐果率可达 34%。花期若天气晴朗温暖，昆虫活跃，坐果率可高达 40%；花期若阴雨连绵，气温低，则会出现大量落花现象（图 1.2、图 1.3）。

图 1.2　花器　　图 1.3　蜜蜂授粉

（五）果实

1. 果实发育阶段

在 1 年当中，果实生长可分为 4 个阶段。

（1）幼果期：油茶在秋季开花授粉受精坐果后，受精果进入冬季休眠；翌年 3 月气温上升时，果实开始膨大进入生长期，但此时正是春梢生长旺盛的季节，幼果生长仍然缓慢，该阶段称为幼果期。

（2）果实生长期：5 月底春梢停止生长，果实开始迅速增长；从 6 月中旬至 7 月下旬，茶果体积增长最快；7 月底至 8 月中旬达到高峰，此时果实的大小、形状基本定形。

（3）油脂转化增长期：在茶果的大小增长基本停止后，果实进入质量增长过程，即进入增加果实内种子及其他内含物的积累高峰期。油茶果实油脂含量的增加主要在 9 月中下旬至采收前（霜降籽），因此，提前采收将大幅度降低果实含油量，造成茶油产量上的巨大损失。

(4) 果实成熟期：种子由生理成熟转入形态成熟，种壳呈乌黑色或古铜色，有光泽，果皮上的茸毛脱落，有部分开裂，果实充分成熟。根据果实不同的成熟期，可将普通油茶划分为4种类型：

① 秋分籽。树体矮小、紧凑，叶小枝密，果小皮薄，抗病力强，秋分前后成熟、开花。出籽率和含油率均较高，出油率在30%以上。适于油茶北缘地带栽培，皖西和皖东地区的油茶老林中经常能见到一些秋分籽，有些还具有较高的产量，但比例很低。

② 寒露籽。树冠小，枝条直立，分枝角度较小；叶小而密，果小皮薄，每果有种子1～3粒，抗病力较强。寒露前后成熟、开花，产量稳定，出油率在30%左右。皖西舒城县油茶老林中的丰产植株多为寒露籽类型，如大别山系列等。

③ 霜降籽。树冠较大开张，分枝角度较大，一般在40～60度；叶大、较厚，果大，每果有种子4～8粒，抗病力中等。霜降前后成熟、开花，产量较高，出油率在25%左右。其是我国各油茶产区大面积栽培的主要品种群，安庆市以及长江以南地区的油茶老林中的丰产植株多为霜降籽。目前在安徽大面积推广的长林系列也多为霜降籽类型。

④ 立冬籽。树冠高大、开张，枝条分枝角度大，叶大而稀，果大皮厚，每果有种子7～10粒。立冬前后成熟、开花，为迟熟品种群。出籽率和出油率均较低，少有栽培。

2. 果实形态颜色

油茶果实形态多种多样，按果形有球形、桃形、橘形、橄榄形和脐形等5种；按果皮色泽分为红色、黄色和青色3种；若将这两种性状组合起来便可划分出更多的类型，如红球、青桃、黄脐等。一般红色球形的油茶经济性状和抗病性等综合性状较好(图1.4)。

3. 花、果脱落问题

油茶落花落果的现象较为普遍，一般落蕾落花在60%～80%，而落果率也在40%～50%。据观察，油茶的落花落果主

图 1.4　果实类型

要有 3 个时期。

(1) 落花落蕾期:从初花期至末花期。主要原因:营养不良,花芽自身分化不健全而落蕾;花期遇到阴雨连绵、气温低的天气等,花朵不能授粉受精,造成大量落花。

(2) 生理落果期:从 5 月上旬开始。主要原因:随着气温的回升,叶芽萌发后,养分、水分供应的中心是春梢,造成幼果的生理落果,其次是越冬时有部分幼果受低温影响。

(3) 落果期:从 7 月上旬至 9 月底。此期落果持续时间长,对当年油茶的产量影响很大。主要原因:① 夏季高温干旱或肥水不足;② 机械损伤;③ 病虫害。

每年 7 月为油茶球果体积增长的高峰期,俗称"七月长球"。8 月中旬,果实体积增长基本停止,转入油脂形成转化过程,俗称"八月长油"。因此,7～8 月油茶果实生长和雨水的关系非常密切。为了促进果实的生长发育和油脂的正常转化,在7～8月应加强松土等耕作措施，改善土壤水分和营养状况，有利于提高油茶果实的产量和品质。

4. 叶果比

叶果比是指总叶片数与总结果数之比。叶果比对油茶果实的生长发育非常重要。研究显示：叶果比为18时，油茶树处于营养平衡状态；叶果比达到26～35，是油茶能够高产稳产的一项重要指标。叶果比过低会导致大小年明显、产量不稳定；叶果比过高、营养生长过盛则对产量不利。生长势中庸的品种具有较合理的叶果比。在生产中，可通过栽培管理措施保持合理的叶果比，以达到丰产、稳产的目标(图1.5)。

(a) 叶果比较大，丰产稳产

(b) 叶果比小，大小年明显

图1.5　叶果比与产量

四、对环境条件的要求

(一) 气候条件

油茶是常绿植物，喜温暖湿润的气候，最好是夏秋间湿润，秋末冬初多晴暖，冬季不严寒，特别怕大风的吹袭、长期霜冻等恶劣的气候条件。油茶的不同物种或品种(类型)对气候条件的要求差异很大。一般要求年平均温度为14～21℃，1月份平均气温在3℃以上，7月份平均气温在28℃以下，极端最低气温在－10℃以上，≥10℃年活动积温4500～5000℃；年降雨量为800～2400毫米，集中于4～8月；年日照时数在1500～2200小时；无霜期200天以上。依据此条件，安徽淮河以南所有地区均符合油茶生长对气候条件的基本需求。

（二）土壤条件

油茶适应性较强，对土壤的要求不高，但为了实现高产稳产的目标，仍需选择较为肥沃的土壤。油茶在pH 4.5～6.5的酸性、微酸性的红壤、黄壤及黄棕壤上均可正常生长。栽培时最好选择pH 5.0～6.0、疏松、深厚、肥沃、保水力强、排水良好的壤土或砂质壤土。油茶是嫌钙植物，不能在中性土和碱性土或不透气的死黄泥土上正常生长。凡是长有铁芒萁、映山红、金樱子、野山楂、白栎和卫茅等植物的土壤，都可以种植油茶。

（三）地形、地貌条件

不同的海拔、坡度、坡向和坡位具有不同的温度、湿度、光照和土壤条件。依据油茶的生物学特性，油茶宜生长在坡向朝南、海拔较低、坡度较小、坡位中下部（海拔较低的则坡顶为好）等地段。

第二节　茶油的成分及价值

油茶的果实由果壳和种子组成，果壳又叫茶蒲，种子称茶籽（图1.6）。茶籽包括种壳和种仁，果壳和种壳俗称茶壳。干燥的油茶果实中，茶籽占38.7%～72%，仁中含油40%～60%，整籽含油30%～40%。油茶籽压榨制油后的残渣称茶籽饼，浸出制油后的残渣称为茶粕，一般统称饼粕。茶蒲、籽壳或茶籽饼粕中都有许多成分可以利用，随着科学技术的不断发展，对油茶果有效成分的研究不断深入，油茶果的开发利用将得到迅速发展。

图 1.6 果壳(茶蒲)与种子(茶籽)

一、茶油的成分和理化指标

茶油是一种营养丰富并具有保健功能的食用油。茶油主要由油酸的甘油酯构成,在一般的植物油中油酸含量最高,其脂肪酸组成成分见表 1.1。

表 1.1 茶油等食用油的主要脂肪酸组成比较(%)

脂肪酸组成 / 油脂名称	不饱和脂肪酸					饱和脂肪酸				
	油酸 $C_{18:1}$	亚油酸 $C_{18:2}$	亚麻酸 $C_{18:3}$	芥酸 $C_{22:1}$	平均总量	豆蔻酸 $C_{14:1}$	棕榈酸 $C_{16:1}$	硬脂酸 $C_{18:1}$	花生酸 $C_{20:1}$	平均总量
茶油	74～87	7～14	0.4～1.7	/	90	/	6.1～15	1～3	微量	10
橄榄油	65～85	4～15	0.3～1.1	/	84	0.1～1.2	7～16	1～3	0.1～0.3	16
花生油	53～71	13～27	/	/	83	微量	6～9	3～6	2～4	17
菜籽油	12～24	12～16	7～10	40～45	94	/	1～3	0.4～3.5	0.5～2.4	6
豆　油	15～33	43～56	5～11	/	85	微量	7～11	2～6	0.3～3	15

＊数据引自:贝雷.油脂化学与工艺学:第1册[M].4版.秦洪万,译.北京:轻工业出版社,1989.

茶油的脂肪酸组成和理化特性与世界公认最好的橄榄油相似，有“东方橄榄油”的美称。不仅如此，茶油在某些方面还优于橄榄油，如不饱和脂肪酸含量高于橄榄油，饱和脂肪酸含量低于橄榄油(表 1.1)；维生素 E 含量高于橄榄油数倍；此外，还含有橄榄油所没有的茶多酚等(表 1.2)。

表 1.2 茶油与橄榄油的理化指标比较

<table>
<tr><th>指　标</th><th>茶　油</th><th>橄榄油</th><th>备　注</th></tr>
<tr><td>碘值(I)/(克/100 克)</td><td>83～89</td><td>80～88</td><td rowspan="8">(1) 茶油碘值低，相对于其他植物油不易氧化
(2) 茶油凝固点较低，在 0℃还能保持液体状态
(3) 茶油不皂化物含量很少，食用后易消化吸收
(4) 茶油中含有丰富的维生素 E，对维持中枢神经系统、心血管系统的功能，维持骨骼肌的结构与功能，促进生育机能，增强机体的免疫功能等有积极作用
(5) 茶油中还含有橄榄油中所没有的生物活性物质——茶多酚，具有降低胆固醇、预防肿瘤等多种功效</td></tr>
<tr><td>皂化值(KOH)/(毫克/克)</td><td>193～196</td><td>185～196</td></tr>
<tr><td>折光指数(25℃)</td><td>1.460～1.464</td><td>1.468～1.470</td></tr>
<tr><td>凝固点/℃</td><td>−10～−5</td><td>−3～7</td></tr>
<tr><td>不皂化物含量/(克/千克)</td><td>≤15</td><td>≤15</td></tr>
<tr><td>相对密度(20℃)</td><td>0.912～0.922</td><td>0.910～0.915</td></tr>
<tr><td>VE 含量/(毫克/千克)</td><td>510～750</td><td>70～190</td></tr>
<tr><td>茶多酚含量/(毫克/千克)</td><td>12.741</td><td>0</td></tr>
</table>

二、茶油的特点及保健功能

(一) 茶油的特点

1. 茶油中油酸含量高、饱和脂肪酸含量低

食用油由甘油和脂肪酸组成，其中脂肪酸分为饱和脂肪酸和不饱和脂肪酸，不饱和脂肪酸又分为单不饱和脂肪酸和多不饱和脂肪酸。饱和脂肪酸含量若超过 12%，就会在人体内产生脂肪积聚，诱发高血脂、高血压等心脑血管疾病。茶油中的饱和脂肪酸含量在 10%左右，比橄榄油还要低；茶油的不饱和脂肪

酸的总含量稳定在90%左右,尤其是油酸含量高达74%~87%,在目前各类主要食用油脂中是最高的(油酸为单不饱和脂肪酸,其含量越高,油脂的营养价值就越高)。

2. 茶油稳定性好

茶油在保存时不易氧化变质。茶油在清除杂质和水分以后,可以在常温下保持数年不变质,而且绝对不含黄曲霉素。此外,茶油中丰富的维生素E和多酚也有抗氧化作用,对防止油脂酸败有积极作用。茶油具体特性有:① 烟点高,油烟污染少;② 耐高温,加热到150℃也不会产生苯并芘等有害物质;③ 凝固点低(−15℃),低温稳定性好;④ 碘值较低,与其他液体植物油脂相比,在空气中不易被氧化(属于不干性油脂),耐储藏,保质期长。

3. 茶油不含有害物质

在最常用的食用油中,菜籽油中含有一定量的芥酸和芥子苷,这些物质对人体生长发育不利(目前推广低芥酸、高油酸良种)。花生油因花生在生长、储运和加工过程中极易感染黄曲霉,如果处理不当,油内可能含有黄曲霉素B,会诱发肝癌。茶油中不含上述有害物质。

4. 茶油营养丰富

茶油与橄榄油的各项成分极为相似,甚至有些营养成分的指标还要优于橄榄油:茶油中饱和脂肪酸低于橄榄油,而不饱和脂肪酸含量高于橄榄油;维生素E含量比橄榄油高出1倍;油茶是干籽仁榨油,油橄榄是鲜果榨油,茶油的油质更好;茶油的结构比橄榄油更加微细,能促进脂溶性维生素的吸收,更易被人体消化;茶油中含有丰富的角鲨烯、甾醇、多酚等成分,对人体有很好的保健作用。因此,美国国立卫生研究院(NIH)营养平衡委员会主席西莫普勒斯博士把茶油排在了橄榄油的前面,称茶油为“世界上最好的食用油”。联合国粮农组织将茶油列为重点推广的健康型高级食用植物油。

（二）茶油的保健防病功能

1. 抑制过氧化，抗衰老

茶油具有抗衰老的功效：① 茶油富含维生素 E，俗称生育酚（一种细胞调节因子），能阻止或延缓肿瘤发生；② 茶油能促进内分泌系统的活动，有效提高生物体的新陈代谢效率，改善血液循环，提高胃、脾、肠、肝和胆等器官的功能。

2. 防治慢性疾病

长期食用茶油能够有效地降低血液当中的低密度胆固醇含量，同时又能提高高密度胆固醇含量，清洁血液、降低血液黏稠度、降低血脂，有效地防止和治疗动脉硬化、高血压、高血脂、糖尿病、冠心病、肥胖、抑郁症和癌症等慢性疾病，还能有效防止胆结石，对胃炎、十二指肠溃疡、便秘以及因高血压或血管阻塞引起的偏头痛都有直接的治疗作用。民间用茶油治疗烫伤和烧伤以及体癣、慢性湿疹等皮肤病，效果良好。

3. 保护皮肤和发质

茶油内所含的维生素 E 和抗氧化成分，能够有效地保护皮肤，尤其能防止皮肤损伤和衰老，使皮肤具有光泽。用精炼的茶油涂抹头发，可以改善头发的营养，使头发保持乌黑的光泽。所以，茶油可以直接用作化妆品，并用于药品生产。

4. 适于妇婴保健

茶油是最近似于人奶的自然脂肪，易于消化吸收，能直接补充胎儿机体生长发育所需要的各种营养成分，同时也可以提高母体的各种功能。在台湾和福建等地，女人怀养孩子期间有吃茶油的习惯，当地人称茶油为“月子宝”。

总之，无论对于哪类人群，吃茶油均有利于健康，尤其是孕妇、儿童、老人以及压力大、活动少的学生和白领阶层人员，食用茶油的保健效果更加明显。

第三节　油茶的生态功能

油茶是常绿阔叶树种，不仅具有很高的经济价值，而且油茶林地在水土保持、生物防火、制造氧气等方面也具有重要的作用,生态功能十分突出。

一、很好的生物防火树种

油茶常绿、叶厚、革质、树冠茂密,为耐火性较强的树种。油茶的含水率高达52%,不易着火;油茶的粗脂肪含量为3.2%,苯乙醇抽提物含量为6.0%,该类易燃物含量处于较低的水平;油茶叶的灰分为4.7%(灰分高表明可燃物少),油茶的木质素含量为31.2%(木质素为难以分解和燃烧的物质),均比其他树种要高;油茶叶较厚,约为0.05厘米;油茶燃点较高,为240℃;油茶燃烧热值较低,为21417千焦/千克。这些理化性质证明油茶为较好的生物防火树种。因此,油茶不仅是一种效益很好的经济树种,同时也可以作为防火林带树种。

二、重要的水土保持树种

油茶属于深根性树种,尤其在低缓坡地上,其根系分布深广,是一种重要的水土保持树种。油茶林下常保存有3～10厘米的枯枝落叶层,其腐化分解成腐殖质,能贮存大量吸附水;在油茶林地附近测定的非油茶荒山(无植被地)侵蚀模数为315吨/公顷·年,水土流失量为三保地(保土、保水、保肥措施)的3倍。据测算,油茶林地的保土能力相当于每年保住2厘米土层。

三、常年具有观赏价值的树种

油茶的观赏价值也很高,其枝叶浓绿、四季常青;10～12月开花,花色洁白(浙江红花油茶花大红艳,具有很好的观赏价值),可改善该季节自然界无花或少花的状况;果实大小、形态、色泽多样,果形有球形、桃形、橘形、橄榄型和脐形,果皮色泽有红色、黄色、青色和组合的中间色等,适用于小区绿化、行道树种植、盆景观赏等。

第二章　油茶良种壮苗繁育技术

良种壮苗是实现油茶丰产稳产的主要条件之一。油茶良种繁育是一个系统工程，除需要最基本的苗木繁育圃外，还要具有良种采穗圃、无性系测试林以及温室大棚等基础设施。

第一节　良种采穗圃营建

采穗圃是提供大量优良种条的繁殖圃，同时也是优良品种的繁殖基地。它可以为建立无性系种子园提供优良接穗，也可以直接为大规模生产提供良种穗条。

一、品种配置方法

采穗圃的品种配置应视其生产经营方向来确定，单一生产穗条的，品种间以块状或带状排列，每个品种设置一个小区；以采穗为主，兼顾生产油茶果实的，品种间则以带状或块状交错排列，且相邻品种的花期、果期基本一致，每个品种设置若干个小区。

品种田间设置应注明品种数量及位置等信息，并绘制品种配置分布图。

二、采穗圃营建与管理

（一）采穗圃营建方式

1. 植苗法(栽植良种苗木)

采用植苗法（又称新造林法）建采穗圃，是指先在圃地培育优良无性系苗再造林建圃。植苗法建采穗圃与新造林基本相似，具体方法如下：

(1) 圃地选择:选择交通方便、距水源近、地势平坦、排水良好、土层深厚、土壤肥沃、地下水位较低、pH 5.0~6.5 的平地或缓坡地。

(2) 细致整地:全垦整地,秋、冬季挖垦,深度在 80 厘米以上;春季苗木定植前平整,在有坡度的地段,沿水平等高线,每隔 10~15 米挖深度为 20~30 厘米的拦水沟,防止水土流失。

(3) 栽植密度:初植株行距为 2 米×3 米或 1.5 米×2 米(可根据经营目标灵活设计)。

(4) 苗木定植:栽植方法与新造林同(详见第三章)。

2. 大树移栽法

用良种大树移栽的方法营建采穗圃。

3. 大树换冠法(大树做砧木)

(1) 精选砧木林与砧木:砧木林应选择交通方便、林地平缓、土壤深厚、光照充足、集中连片、林相整齐、分布均匀、密度适中、无病虫害、生长旺盛、林龄在 30 年以下的壮龄油茶林。

砧木林被确定后,在嫁接前适时对林地进行全垦抚育一次,以改善砧木生长的环境条件,促进砧木生长,保证嫁接的成活和接穗生长。

(2) 嫁接时期:以夏季和秋季为宜,夏接于 5 月中旬至 6 月中旬,秋接于 9 月下旬至 10 月上旬。各地的具体嫁接时间应依据当地良种接穗的木质化程度而定。

(3) 穗条采集:选择油茶良种母株树冠中上部发育健全、枝径 0.25~0.32 厘米、无病虫害、腋芽(顶芽)饱满、可截制 3 个以上接穗的当年生半木质化枝条。采穗应与嫁接同时进行,阴天或晴天上午 10 点之前、下午 5 点之后的时间采穗为宜。采集后应分品种捆扎,并挂上标签、装入保鲜袋中保湿待用。穗条一般随采随用,如需调运,应进行保鲜处理。

(4) 嫁接方法:① 断砧。将选好的砧木在距离地面 40~80 厘米处锯断,断砧操作要小心谨慎,防止砧木皮层撕裂。每株留 2~3 个枝条作为接砧,其余枝条全部剪除。② 清洗消毒。断砧后对砧木进行擦洗,在洗净砧木上的灰垢后,用消毒液进行表面消毒。③ 切砧拉皮。用嫁接刀削平锯口后，用单面刀片在砧木断口处往下直切一刀，深达木质部，然后从直下刀口处将砧皮轻轻挑起。④ 削切接穗。用单面刀片在穗条叶芽反面从芽基稍下方平直往下斜削一切面，长 2 厘米左右，切面稍见木质部，基部可见髓心，在叶芽正下方斜切一短接口，切成 20～30 度的斜面，呈马耳形，在芽上方 0.5 厘米处切断接穗，即成一芽一叶的接穗。叶片大的可剪去 1/2。接穗削好后放入清水或湿巾中保湿待用。⑤ 插入接穗。接穗长切面朝内，靠紧一边插入挑起的拉皮层内，接穗切面稍高出砧木断口（露白），然后将砧木挑起的皮层覆盖在接穗上。一个砧木可接 3～4 个接穗。⑥ 绑扎。使用拉力较强、1～2 厘米宽的薄膜带自下而上绑扎接口，以不使接穗移动为度。⑦ 保湿遮阳。绑扎接穗后，随即罩上塑料袋密封保湿，用报纸或牛皮纸扎在塑料袋外遮阳。⑧ 接后管理。嫁接后 30 天左右，接穗开始愈合抽梢，40 天左右当新梢由红色变绿色时，在傍晚除去保湿袋，但还需遮阳一段时间。当新梢长至 6 厘米以上时可解绑。解罩之后应经常检查接穗的生长状况，适时除萌，做到除早、除小、除净。

（二）采穗圃抚育管理

1. 土壤耕作

最好采取冬季深垦、春夏秋三季浅垦、多次中耕措施。冬季垦复应结合施用农家肥，春夏两季浅垦（耕）应结合松土除草与追施肥料一并进行。对换冠的采穗圃可采取扩穴垦复；对新建的植苗采穗圃，除对植株进行松土、除草、培蔸、培土等耕作外，初始栽植密度不大的采穗圃，栽植后的前 2～3 年可间种黄豆、花生等矮干豆科作物，实现以耕代抚、提高肥力等目的。

2. 修枝整形

（1）植苗采穗圃：栽植当年不需修枝整形，栽后 2～3 年，以培养树冠为主、采穗为辅，可按春梢、夏梢和秋梢的生长情况，适时定干与修枝，定干高度为 40～50 厘米。修枝应剪去过密枝，控制徒长枝生长，促进主、侧枝生长，科学调控各级侧枝的分枝角度，以形成树冠紧凑、枝间距合理、枝数适量的树形。

(2) 换冠采穗圃：当年就要根据成活接穗的生长发育情况，适时修剪与整形，形成较理想的产条树体结构和树冠形状。在12月至翌年2月修枝为宜，并与垦复、施肥等相结合，以尽快恢复树势。

3. 科学施肥

采穗圃需要大量采穗，必须大量施肥以促进树木生长。施肥一般采用沟施、穴施、浇施和叶面喷施等方式。植苗采穗圃的施肥应结合浇灌进行，定植当年6～7月可依据苗木成活和生长情况，适量浇施稀薄的人尿或者每株施25～50克尿素或复合肥；11月上中旬，结合垦复，每株施2～5千克农家土杂肥。从第二年起，一般每年施肥4次，其中3次追肥、1次基肥。追肥可与浇灌结合进行，3月上旬每株施尿素25～50克，5月中旬施尿素50～75克，7月中下旬施复合肥75～100克；基肥于11月上中旬施用，每株一般施5～10千克农家土杂肥作越冬肥。随着树龄和树体的增长，施肥量应逐年递增。换冠采穗圃每年每株施尿素或复合肥1.5～2千克、农家有机肥20～30千克，施肥时间和每次用量比例参照植苗采穗圃。立秋后严禁追施氮肥。

4. 病虫害防治

详见第六章。

(三) 采穗圃复壮

采穗母树随着年龄的增长，可能出现老化，使得穗条萌发能力减弱，不仅穗条产量低，而且穗条质量也有所下降，影响嫁接和扦插成活率。因此，在母树开始老化时，要采取措施诱导老树复壮返幼。最常用的方法是通过断干的方式促使油茶树从树干基部萌生不定芽，重新形成新的树冠。其他如篱笆式修剪法、幼砧连续嫁接、组培法等诱导复壮方法，可根据情况酌情选用。

(四) 采穗圃档案

采穗圃要建立各项技术档案，如采穗圃的基本情况、区划图、品种名称、品种来源、品种性状，采取的经营措施，种条品质和产量的变化情况等。

第二节　油茶主要育苗技术

油茶苗木繁育分为有性繁殖和无性繁殖两种。有性繁育的苗木(实生苗)其良种特性难以很好地保留，易发生遗传分化，导致产量不稳定。因此，此方式只能在以生态效益为主的情况下使用，如选用油茶作为生物防火林带或观赏树等。无性繁殖又称营养繁殖，是指利用油茶的营养器官(根、茎、叶、芽)培育苗木的方法。用无性繁殖法培育出的苗木称为营养繁殖苗。无性繁殖的苗木能很好地保持母本的优良特性，栽植后可提早开花结实。无性系苗木分为嫁接苗、扦插苗和组培苗。

一、繁育类型及裸根苗培育

(一) 嫁接育苗

1. 选种与保存

选择健康林分、健康植株、适时采收的油茶果作为种子。油茶果采回后阴干，选出大粒种子(380～440 粒/千克)，经消毒处理后用湿砂贮藏，盖上薄膜或其他覆盖物进行保存；也可采取冷藏、常温保存或直接播种等措施。

2. 芽苗砧培育

2 月下旬或 3 月上旬，在室内或大棚内，铺宽 1.3 米、厚 15 厘米的河沙，浇透水，将选好并已消毒的种子排放在沙床上，尽量使种子不要重叠，再在上面铺 10 厘米左右的河沙，浇透水，用草或塑料薄膜覆盖。在生产上，为了延长嫁接时间，可采取不同的处理方法，即将种子分成 4 份：室内、室外各 2 份，室外 1 份加盖薄膜，1 份加盖茅草和其他覆盖物；室内 2 份排放在半干半湿沙中，以两种方式覆盖，要注意保持沙的湿润。由于沙床覆盖物不同，导致温度有差异，种子发芽时间可形成前后 4 批，以便分批使用。要随时检查沙床的湿度和种子露芽情况，保持沙子的湿度，并通过调节沙子的湿度来控制胚芽的长度。若胚芽短，可适当增大湿度；若胚芽长，需适当减小湿度。胚芽露出沙面时需适当加盖沙子，防止胚芽老化。

3. 圃地准备

选择交通方便、地形平坦、光照充足、易于排灌的水田或旱地作为圃地。油茶育苗的圃地若连续繁育苗木，易造成土壤单一耗养和病菌积累，不利于苗木的生长，应实行轮作制度（最好水、旱轮作）。圃地选好后，将其植被清除干净，为了创造苗木生长的立地条件，圃地应进行"三犁三耙"，深耕细整。油茶圃地整地一般也应分三次完成，具体步骤如下。

（1）冬季深耕、简单做床。① 整地时间：前一年的冬季。② 整地标准：深耕 25 厘米以上，并开好中沟、边沟、步道沟，做好苗床。③ 苗床规格：宽 1.2 米左右，高 25 厘米左右，长度依据实际情况而定，一般不超过 16 米，步道沟宽 40 厘米，中沟、边沟深 35～40 厘米。

（2）春季翻土、施入肥料。① 整地时间：3 月下旬至 4 月。② 整地标准：深锄 20 厘米，整平苗床，施复合肥 50～100 千克/亩，施肥后再浅锄 10 厘米，使土壤覆盖肥料。

（3）细致做床、消毒土壤。① 整地时间：嫁接前 1 周（4 月下旬或 5 月初，具体时间依据本地嫁接时间而定）。② 整地标准：翻土深度 10 厘米，该次是最后一次整地，一定要将土块捣碎、步道沟清理干净，做到床面平整、土壤疏松。③ 盖黄心土（苗床面均匀覆盖 2～3 厘米厚的无石砾、松软的黄心土），用木板整平。④ 土壤消毒：在第三次整地时要进行土壤消毒，常用的药剂有：防病每亩施硫酸亚铁 15 千克或生石灰 50 千克；防虫每亩施 50%辛硫磷乳油 0.5 千克。施用方法：在翻土后、盖黄心土前撒于土表。为了控制（清除、抑制）杂草，可在嫁接前 1 个月喷施草甘膦等除草剂；第三次整地后、栽植前喷施乙草胺等抑草剂。

4. 架设荫棚

在苗床备好后、栽植苗木之前，架设荫棚。棚高 1.7 米左右，遮阳率 70%左右(透光度 30%)。荫棚架设后，将苗床用塑料薄膜覆盖，防止雨水冲刷，保持床地土壤疏松、干湿适宜，以便于苗木培育。有些苗圃采用钢架大棚，做到了水肥一体化，管理更加方便(图 2.1)。

图 2.1 高架大棚下育苗

5. 接穗准备

接穗准备包含培育、采集、运输和贮藏。接穗必须是审定(或认定)的优良品种。采穗时要选择冠外围生长健壮、无病虫害、腋芽明显的当年生的半木质化枝条,粗度一般以0.25～0.32厘米为宜。

采下的枝条要注明品种、无性系号,分别捆扎,立即装箱(纸箱、木箱皆可),以防失水。接穗尽量随采随用;若长途运输,应在箱底铺上脱脂棉,并用水淋湿,方可运至育苗地点。接穗运到后,将捆扎带全部解开,将其插在阴凉处的沙床上或地窖中,保持湿度,可使用5～7天。如不需运输,可直接将枝条排放在地窖或室内阴凉湿润的地方,也可将基部插入湿沙中,保持沙湿润,但不能在枝条上浇水。

6. 嫁接方法

(1) 嫁接时期。嫁接时期一般在5月上旬至6月中下旬,最佳时间为5月10日至6月10日。待种砧生长到3～4厘米高,接穗进入半木质化时,开始嫁接。如果种子萌发过早,可在芽床上加盖一层湿沙,延长出芽期,加粗芽砧;如果种子萌发过慢,可每隔2～3天洒温水一次,以保证芽砧期与接穗期吻合。

(2) 嫁接方法。劈接法。

(3) 材料工具。单面刀片(嫁接刀)、小木板(10厘米×20厘米,嫁接操作用)、毛巾(保湿用)、洒水壶、铝片(长2.5～3.5厘米、宽0.8～1.0厘米)。

(4) 嫁接程序。① 起砧木:将沙床中培育的芽苗轻轻取出,再用清水洗净芽苗上的沙子,盖上湿毛巾,放在室内操作台上。在操作时要小心谨慎,防止芽苗子叶脱落。② 切砧木:将芽苗放在小木板上,在子叶上方1.6～2.0厘米处切断苗茎;对准中轴纵切一刀,将芽砧劈成两半,切口深1.0～1.2厘米;胚根留5～6厘米,其余部分切除。③削接穗:在穗条具有饱满腋芽的下方2～3毫米处的左右两侧,用单面刀各削一刀(15度角),形成长约1厘米的双斜面(楔形),交会于髓心。再在芽上端2～3毫米处切断,成为一叶一芽的接穗,叶片可以全留或去1/2。

接穗削好后要立即嫁接，也可放在清水中保湿，但浸泡时间不宜超过 1 小时。④ 嫁接：先将铝片卷成筒状，然后将其套在切开的芽砧上，再把削好的接穗轻轻插入，对准一边形成层，最后将铝片适度捏紧（注意：捏紧了容易造成损伤，捏松了接触不良，难以愈合）。⑤ 保湿：嫁接后的苗木放在准备好的盆中，盖上湿毛巾，避免阳光照射。

7. 栽植

苗床在栽植时要处于湿润状态。栽植密度一般株距 5～8 厘米、行距 10～15 厘米（每亩 6 万～8 万株）。栽植时先用竹签插一个 10 厘米深的小穴，将嫁接好的苗木栽入其中，深度以芽砧种子埋入土内，嫁接口露在土外为宜。胚根与土壤需紧密接触，栽后用洒水壶洒一次透水（定根水）。每段栽完后用 1.2～1.8 米长的竹片相距 1.5～2 米架成拱棚，用薄膜覆盖，四周压实，在离床高 2 米处搭透光度为 30％的荫棚。

8. 接后管理

栽后管理主要有控温控湿、除萌去杂、病虫防治和移床。

（1）温度、湿度、光照控制：嫁接后 1 个月是苗木成活的关键时期，此时若遇高温干旱，易造成苗木灼伤，应增加覆盖以减少透光度，并及时喷灌，降低圃地温度；若遇长期阴雨，地下水位上升，易造成根腐病，此时需加大透光度，可将薄膜两头揭开，以利通风透气降低湿度，同时抓紧清沟排水，保持沟内大雨后无积水。嫁接后 40～45 天，接苗已成活，在雨后或傍晚揭去薄膜，上面仍然要搭好遮阳网，一般在 9 月上、中旬（白露后）可拆去荫棚，但光照强的圃地或年份可推迟至 10 月初。

（2）追肥措施：在油茶苗生长季节，每月可施肥 1 次，当年至少 2 次（7 月、10 月各 1 次）。肥料可选用复合肥和尿素，单独使用或混配使用（复合肥∶尿素＝1∶1），配成浓度为 0.5％的水溶液喷施。有研究认为，0.4％磷酸二氢钾、0.04％九二零、0.5％尿素交互使用对促进油茶幼苗生长效果明显。撒施易造成肥害，应避免使用。

（3）杂草、萌芽条控制：嫁接后 30 天应开始除萌去杂，即将砧木萌芽、接穗花芽以及死亡单株除去,除萌去杂工作一直要延续到9月份。除草应做到“除早、除小、除净”。油茶幼芽对除草剂十分敏感,要慎用。

(4) 移栽扩圃、定干:如果圃地嫁接苗密度过大,可于次年2~3月进行移床扩圃工作,每亩保持3万~4万株。为了提高苗木质量和保证造林成活率,在第二年5月上旬春梢接近停止生长、苗高40厘米以上时,采用摘心定干措施,促进苗木分枝和根系生长。

(5) 病虫害控制:嫁接苗当年病害主要有白绢病、根腐病等;第二年主要有软腐病、炭疽病等;虫害主要是小地老虎、蛴螬等。发现病虫害要及时处治(防治方法详见第六章)。

(二) 扦插育苗

扦插繁殖是无性繁殖中最简单易行的方法。用于育苗的一段枝或叶称插穗,在生产上主要采用枝插。油茶枝插可采用直插或斜插,入土深度约为插穗的2/3,叶和芽要露出土面,叶面朝上,插后稍将土压实,使接穗与土壤紧密结合。扦插株距一般为5厘米左右,行距可为10~15厘米,插后要喷水一次,使土壤充分湿润,然后再撒一层细黄土或细沙,搭好遮阳网。

扦插苗特点:

(1) 优点:① 繁育方法工序简单,成本低;② 品种纯度高,不会出现嫁接苗因接穗以下的砧木萌发而出现实生苗现象;③ 栽植后不存在嫁接苗嫁接口处易感染的问题。

(2) 缺点:以前认为,扦插苗存在两个缺点:幼苗前期生长较慢;主根不明显,根系不发达。因此,这些年来一直被禁止使用,但扦插育苗的两个缺点目前已被初步克服。① 幼苗前期生长问题:安徽某家育苗企业使用的插穗是长度为10厘米左右的多叶、芽长穗,加之其他促进生根技术,培育的扦插苗根系十分发达,4个月就可以出圃栽植,过去因用穗量过大,繁殖系数低,无法推广,但现在良种穗条已经足够,不再是限制因素。② 根系不发达问题:2018年作者对2010年左右用扦插苗造林的油茶林进行了调查，结果显示油茶林生长状况良好（图 2.2），与周围嫁接苗造林的林分并无显著区别，只是以后在盛果期长短以及抗逆性方面有无差异尚待观察。这些成果给油茶扦插育苗带来了希望。

图 2.2　扦插苗培育与造林状况

（三）播种育苗

播种育苗又叫实生繁殖或种子繁殖，指的是树木通过种子进行繁殖。有性繁殖操作简便，技术容易掌握，且在短期内能培育出大量的苗木，同时培育的苗木根系发达、适应力强、生长健壮、寿命长。但有性繁殖培育出来的苗木株间变异较大,不易保持母本的优良特性,且始果期迟。目前,除特殊用途外(如生态林),有性繁殖方法已经被杜绝使用。

二、容器苗培育

(一) 容器育苗(轻基质无纺布容器)

容器育苗是指利用某种材料做成某种形状的容器来盛装营养土以代替苗床的育苗方法。用容器育成的苗木称容器苗。无论采用嫁接、扦插,还是播种的方法繁殖苗木,都可以利用容器进行育苗。

1. 容器育苗特点

优点:可缩短育苗周期;有利于机械化育苗;一年四季均可移栽,不受季节限制,特别适宜雨季造林;造林成活率高,能促进幼树成长。缺点:容器育苗成本较高,育苗技术、尤其是水肥管理的技术要求比较高。在林业容器育苗中,处理不当会导致窝根、偏根、稀根、弱根等问题,严重影响造林后林木的生长,其带来的恶果大于用裸根苗。

2. 轻基质无纺布容器育苗方法

目前油茶容器育苗普遍采用的是平衡根系轻基质无纺布容器育苗技术,即使用的是可降解无纺布无底容器。该技术的优点是营养均衡、通透性好,能快速促进苗木根系生长,增强苗木吸收水分和养分的能力,大幅提高苗木成活率和苗木等级;容器质量轻、操作简便,便于生产作业;容器可自行分解,造林不需要去除容器,因此省工省时,节约造林成本。

(1) 容器规格

在油茶容器育苗生产中,一般培育 1 年生容器苗需用直径 4～5 厘米、高 8～10 厘米的容器,培育 1.5 年生容器苗需用直径 5～6 厘米、高 10～12 厘米的容器。近年来,为了栽植后提早挂果,缩短投资回收期,大苗培育成为趋势(育苗容器可达 100 立方厘米)。

(2) 容器基质的材料及其配置

① 材料:容器育苗用的营养土(基质)及其配方材料要遵照因地制宜、就地取材等原则。具体要求如下:材料来源广泛,成本较低;具有一定的肥力;理化性质良好,有较好的保湿、通气和排水性能;质量轻,不带病菌、虫卵和杂草种子。目前营养土配方主要包括两大类材料:农林废弃物类和轻体矿物类。一般配方:轻体矿物类占 50%～70%、农林废弃物类占 30%～50%。其中农林废弃物类主要指木质化秸秆、树枝、树皮、锯屑、稻壳、食用菌废料等,使用前一般要经过粉碎、堆沤发酵或炭化、过筛、分类;轻体矿物类主要有壤质黄心土、次生阔叶林表层土、泥炭土、冻垡塘泥土、火烧草皮土、圃地土、草炭、粗粒珍珠岩、蛭石、炉渣、煤渣等。为了预防苗木病虫害,基质应严格消毒,配制基质时必须将酸碱度调到油茶生长的适宜范围。② 配置:在基质配制前,先将各种基质原料均匀摊开在水泥平地上,并在阳光下定时翻动,暴晒 10 小时左右。营养土暴晒后,以体积为单位,按草炭 45%(不能少于 30%)、珍珠岩 10%、蛭石 10%(也可以用 20%珍珠岩,不加蛭石)、农林废弃物类 30%、壤质黄心土 5%比例配比、碾碎、拌匀、过筛。最后加缓释肥 1.5 千克/立方米+过磷酸钙 2 千克/立方米(或 2～3 千克过磷酸钙和 4～5 千克腐熟粉状饼肥)+6-苄氨基腺嘌呤(激素 6-BA,0.15 克/毫升)+萘乙酸(NAA,0.1 克/毫升)稀释 100～200 倍后的水溶液。充分拌匀后,配制成 pH 5.5～6.5、既不松散、又不黏结、水肥与气热性能良好的营养土。③ 灌装:装填营养土及摆床应在芽苗移栽前 30 天进行,可降解无纺布无底容器的营养土应进行机械化装填,并圈成 30～40 米一捆的半成品待用;有底塑料薄膜容器的营养土装袋应分层轻压,直至装满为止。④ 浸泡、切割与摆床:可降解无纺布灌装容器袋在切割前,需采用 0.15%的高锰酸钾溶液浸泡 30 分钟以上,再搬上切割台切成 8～10 厘米长的小段,然后装入塑料托盘并运到育苗场地。一般摆成宽 1 米、长 10 米、步道宽 0.3～0.5 米的高床,做到排列整齐、横竖成行、床面平整。摆床后用床间步道上的土壤把苗床四周培好,容器间空隙用土

填实,浇透水至容器中的营养土沉实。

(3) 移植

目前容器育苗有多种方式,在安徽省的油茶育苗中有以下几种途径:① 直接将嫁接的芽苗、插穗等繁殖材料栽植到容器中进行培育,直到出圃为止。该方法的优点是工序简单、节约人工;缺点是当育苗成活率低下时,容器袋浪费较大。② 先将苗木在大田进行培育,待成活后移栽到容器中。该方法的优点是可减少容器袋的浪费;缺点是增加工序,尤其是如果处理不当易产生苗木窝根问题,因为将带有根系的苗木栽入已装满基质的小容器袋中,很难保证根系舒展。

(4) 肥力补充

容器袋由于体积较小,基质营养难以满足苗木整个生长期的需求,基质肥力应该逐步供给。依据苗木不同生长过程的需要,定期施肥(或叶面喷肥)。目前市场上的缓释肥既能满足苗期生长的需要,又不会烧苗,可在基质中适当加入。

(二) 扩根容器育苗

近年来人们对苗木质量要求越来越高,而容器苗在不扩大容器规格的情况下,很难培育出大苗、壮苗。为此,安徽农业大学与企业合作研发出扩根容器育苗方法,即油茶在育苗生产中,先采用常规的容器育苗法,培育 4～5 个月后(当年 9 月中旬至 10 月下旬),将容器小苗进行稀植移栽,栽植密度为 10 厘米×10 厘米(4 万～4.4 万株/亩),进行裸根苗式培育。由于容器苗稀植在土壤中,根系突破容器袋,形成内为容器袋、外为裸根的苗木,因此称为扩根容器苗。该类苗木根系发达、大而健壮,具有容器苗带土、裸根苗根系舒展等双重优点,栽植成活率可高达 100%,尤其适合在北缘地区推广应用(图 2.3)。

图 2.3　扩根容器苗

第三节　苗木出圃与贮运

一、起苗

(1) 起苗季节:油茶裸根苗一般宜在苗木休眠期起苗,即从秋季苗木地上部分生长停止时开始,到翌年春季树液开始流动以前均可起苗。春季起苗一定要在苗木开始萌动前，否则会降低苗木成活率。容器苗从理论上讲，一年四季均可起苗造林，但仍以温暖、湿润的季节起苗造林为宜，应避免在高温干旱或寒冷的季节起苗造林，因为恶劣天气会影响苗木造林后的生长，降低其造林成活率。

（2）起苗技术：起苗必须做到苗木具有最多的根系，不损伤苗木的地上和地下部分，最大限度地减少根系失水。裸根苗起苗深度要比苗木根系深 2～5 厘米。小而密的苗木起苗时，先在第一行苗木前顺着苗行方向距苗 20 厘米左右处挖 1 条沟，在沟壑下部挖出斜槽，根据起苗要求的深度切断苗根，在第一、第二苗行中间切断侧根，并将苗木与土一起推倒在沟中，即可取出苗木。如有未断的根，先切断再取出苗木。其他行类推。大而疏的苗木，宜单株挖取。

（3）起苗注意事项：起苗时为减少苗木侧根、须根的损伤，圃地不宜太干，宜在雨后起苗；若圃地较干，应在起苗前 1～2 天浇水湿润土壤；为防治失水，要边起、边捡、边分级、边打泥浆（裸根苗）并及时包装运输；避免在大风天起苗。

二、苗木分级

（1）苗木年龄表示方法：苗木每年从地上部开始生长到生长结束（即完成了一个生长周期）为 1 龄，也称 1 年生。苗木年龄一般以两个数字表示，前一个数字表示苗木的总年龄，后一个数字表示移植次数。例如，油茶苗（1～0），即油茶 1 年生播种苗或扦插苗；油茶苗（2～1），即油茶 2 年生实生苗或扦插苗，同时移植过 1 次；油茶嫁接苗（1/2～1），即油茶嫁接苗，接穗为 1 年生，砧木为 2 年生，同时移植过 1 次。

（2）苗木等级：苗木分级指标以地径为主要指标，因为地径粗的苗木根系多，造林成活率高，且地径比全重、根重等重要指标测定更方便；以苗高为次要指标；根系长度暂为统一标准，不分等级。

苗木分级必须在庇荫背风处和光线较好的室内进行。分级后做好等级标志,并统计各级苗木和废苗的数量。根据苗木规格大小,可每25株、50株或100株捆成一捆。

(3) 品种配置:在出圃时,苗圃销售者应根据种植者的要求,对油茶系列品种进行科学配比。品种配比的原则是花期相近、成熟期一致,主栽品种与配栽品种合理搭配。如果将早花型品种和中花型品种混在一起,将影响后期的授粉和果实采收期,给种植者带来麻烦和损失。

三、苗木贮藏

贮藏苗木的目的是为了在起苗后、栽植前,最大限度地保持苗木的生命力。苗木的根系比地上部分更怕干,细根比粗根更怕干,因而关键是保护好根系,尽量减少苗木失水,防止风吹日晒,常用的方法有假植和低温贮藏。近几年,安徽省有些油茶种植企业因整地较晚,对购来的容器苗采用较高标准的假植措施,一直延长到5~6月份造林,造林成活率依然很高。这种方法实际上相当于随起苗随栽,但应该选择在新梢生长停止期栽植。

第三章 油茶丰产林营造技术

为了达到早实丰产的目的，油茶林营造必须具备以下条件：生长环境好（选地与整地，外因好）、种苗质量好（良种与配置，内因好）、栽培技术好（栽植与管护，利用和控制好内因、外因）。

第一节 选地与整地(生长环境好)

光、热、空气、水分和养料是绿色植物生存所必需的条件，缺少任何一个因子，植物就难以维持生命，所以将这5个因子称作植物生活的基本要素。气候和土壤条件包含了全部5个因子。

油茶的生命力较强，能耐干旱瘠薄，适应范围较广。油茶作为以收获果实为主的经济林树种，为了能丰产稳产、获得较好的经济效益，应选择适宜油茶生长的林地环境。生长在土壤深厚肥沃山地上的油茶，其经济年龄一般在50年以上，甚至可达百年以上；而生长在瘠薄山地上的油茶则会低产早衰。因此，造林一定要选择适宜的立地条件。

一、选地

(一) 水平区位选择

油茶是常绿树木，对温度和湿度有较高的要求。尽管其在我国分布于18个省（市、区），但是非常适生且可获得高产稳产的地域较少。安徽是油茶分布的北缘，目前在淮河以南地区均有不同规模的分布，其中最北缘的是凤阳县和明光市。

在安徽省，安庆市的水热资源条件接近于油茶中心产区——湖南省、江西省的水平，是最适合油茶种植的地区；池州市、宣城市、黄山市等皖南山区，水热资源较好，但林地坡度较大、土壤较瘠薄，雨日、云雾较多，光照不足，病害易发生，丰产稳产性属于中等；六安市位于大别山东北麓，水热条件较差，冬季有时存在冻害问题，产量不够稳定；滁州市、马鞍山市、芜湖市易受西北风或东南风的影响，只能选择在局部避风向阳的地段发展。

（二）海拔高度选择

在山地条件下，温度与海拔高度呈负相关，通常海拔每升高100米，气温下降0.5～0.7℃。普通油茶适应性较强，对生态条件要求幅度较宽，但产量会随着海拔高度的增加而下降（图3.1）。

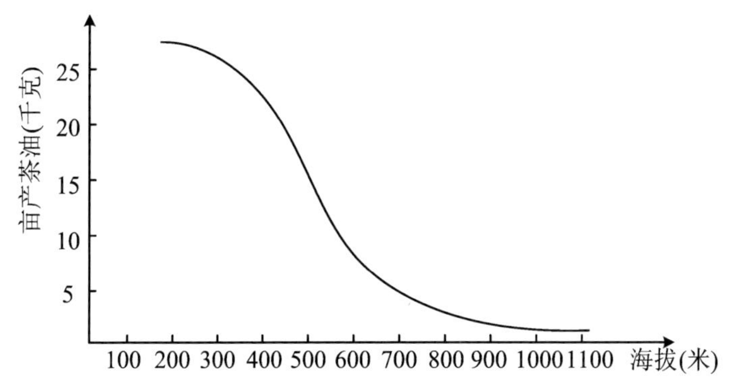

图3.1　茶油产量与海拔高度的关系(引自《中国油茶》)

为了获得高产稳产，油茶基地建设一定要选择适宜的海拔高度。建议在皖西六安市，海拔宜选择在350米以下；在皖南山区及皖西安庆市，宜选择在500米以下，且越低越好。丘陵岗地是发展油茶的最好选择。

（三）坡向、坡度和坡位选择

1. 坡向

油茶是强阳性树种，如光照不足，对产量影响很大，故必须选择阳光充足的阳坡或半阳坡，特别是重峦叠嶂的山区，尤其要注意林地坡向的选择，坡向宜选南向、东向或东南向。

2. 坡度

油茶宜选择在25度以下的斜坡和缓坡造林。坡度太大易造成水土流失、土层瘠薄，产量低，收益小，同时管理难度大，生产成本高，很难获得效益。大面积造林地应有5度左右的坡度，地下水位在1米以下，过于平坦容易积水，从而导致油茶根系腐烂。

3. 坡位

坡位分上坡、中坡和下坡。在山区，生长在山坡中下部的油茶无论长势、产量等均高于山坡上部，因此，造林地应选择下坡或中坡。在海拔很低的低丘岗地，有时上坡产量更高。

高山、长陡坡、阴坡及积水的低洼地，不适合发展油茶，应尽量避免选用。

(四) 土壤选择

(1) 土壤类型：山地红壤、黄棕壤、沙壤土、轻黏壤土均可造林。土壤沙性过大或黏性过大，均不适宜种植油茶，前者保水、保肥能力差，后者透气性差，不利于根系生长。

(2) 土层厚度：80厘米以上、少于50厘米的土层不宜作造林地。

(3) 土壤酸碱度：以酸性(pH 5.5～6.5)的红壤为好；中性或碱性土壤不宜种植油茶。

油茶最适宜生长在疏松、湿润、透气性好、保水性强、深厚肥沃、含有少量石砾的砂质壤土中。土壤肥沃的标准：土层厚度1米以上；有机质2%～3%；每千克土壤中含N大于1.5克，含P_2O_5大于60克，含K_2O大于0.4克。

二、整地

(一) 林地区划

根据地形和造林地面积大小，采用1∶5000比例尺将造林地范围、面积及大区、道路等测绘成图。大区顺其自然，小区面积为20～50亩。大区与小区间要合理配置道路。小区林地两侧从上至下开设纵向林道、排水沟，水平方向开设水平林道和横向排水沟，纵横相通，形成一个良好的交通和排水系统，以防御暴雨水灾，并利于经营管理。在雨量不均、干旱明显的地方除考虑排水措施外，还应考虑林地的灌溉和蓄水设施，在每行开设水平保水沟能起到良好的保水保肥的作用。

（二）整地

整地是油茶造林的重要环节。通过深翻土壤，可加深松土层厚度，改良林地土壤结构，提高土壤蓄水能力和通气状况；改善微生物活动条件，提高土壤肥力，为油茶根系生长发育创造良好的条件。山地整地应与水土保持相结合，对坡度较大的地段应进行水平梯带整地。

1. 整地时间

整地与造林两道工序同时进行，称为随整随造。随整随造对改善立地条件的效果较差，而且很容易耽误造林时机，但对立地条件较好的造林地，仍可采用。整地先于造林一个季节进行或提前更多的时间，称为提前整地。提前整地可以使造林地的土壤水分状况得到调节，加快植物残体分解，有利于土壤充分风化。目前有秋季整地，冬季造林；冬季整地，春季造林；夏伏整地，10 月“小阳春”造林的习惯，效果很好。

2. 整地方式

油茶整地有以下三种方式：

（1）全垦整地

全垦整地指的是对造林地的土壤进行全部翻垦的整地方法。整地深度在 30～40 厘米。适用于平原地区和坡度小于 15 度的山地（依据土质不同可适当改变，一般植被稀少、土质疏松的限定在 8 度以下；花岗岩类土质限定在 15 度以下；植被丰富的泥质土类可适当放宽；为了减少水土流失，我国将全垦限定在 15 度以下）。全垦整地方式的主要优点：能显著改善立地条件；较彻底清除灌木、杂草、竹类；便于实行机械化作业和林粮间作；苗木容易成活，幼林生长良好。主要缺点：用工多，投资大，易导致水土流失，在操作上受地形条件（如坡度）、山地环境状况（如岩石、伐根等)和经济条件的限制较大。

(2) 带状整地

带状整地是指呈长条状翻垦造林地土壤,并在被翻垦的部分之间保留一定宽度原有植被的整地方法。适用于造林地坡度在16～25度的山场。该方法整地虽然用工多,却是一种一劳永逸的方法,该类整地方式保水、保土、保肥的效果好,便于机械化耕作,也可进行短期间作。

山地在进行带状整地时,带的方向可沿等高线保持水平(环山水平带)。带宽一般为2～3米;带长应在条件允许的情况下适当长些,但过长不易保持水平,反而可能导致水流汇集,引起冲刷;整地深度为25～30厘米。

具体整地方法:先自上而下顺坡拉一条直线,而后按行距定点;在各点沿水平方向环山定出等高点后进行带状开垦,垦带采取由上向下挖筑水平阶梯。遵循"上挖下填、削高填低、大弯顺势、小弯取直"的原则,筑成内侧低、外缘高的水平阶梯,俗称反坡梯地。坡面3～5度,阶梯内侧每隔8～10米挖一条长1～1.5米、深和宽各40厘米左右的竹节沟,以利蓄水防旱和防止水土流失。水平阶梯整地应在土层较厚的山坡上进行。修建水平梯地时可先将表土堆于上坡,或在分小段修建时将表土堆于两侧,待一段建成后,在梯带的中部开沟或挖穴,再将表土运回填入穴中。应避免将表土堆于下坡,以及将苗木栽于无肥力的心土中(图3.2)。

图3.2　水平阶梯整地及反坡梯田示意图

(3) 块状整地

块状整地指的是呈块状翻垦造林地土壤的整地方法。块状整地灵活性大,可以因地制宜,应用于各种条件的造林地,且整地比较省工、成本较低,引起水土流失的可能性也较小。但此法因整地范围小,改善林地条件的作用不如全垦和带状整地效果好。因此,可用于坡度较陡、坡面破碎的山地、平原,以及村前屋后、道路两旁等造林地。

山地块状整地有穴状、块状、鱼鳞坑状等方法。平原块状整地有坑状(凹穴状)、块状、高台状等方法。其基本方法是先拉线定点,然后按规格挖穴,表土和心土分别堆放,先以表土填穴,最后以心土覆在穴面。

在坡度较大(25 度以上)、地形破碎、土层瘠薄的山地,发展油茶可采用鱼鳞坑整地方式。鱼鳞坑整地可灵活应用地形地势,将造林地整成近似半圆形的坑穴。坑面低于原坡面,保持水平或向内倾斜凹入;长径及短径随坑的规格大小而不同,一般长径 0.7～1.5 米、短径 0.6～1.0 米、深 30～50 厘米;外侧有土埂,半环状,高 20～25 厘米;有时坑内有小蓄水沟与坑两角的引水沟相通(图 3.3)。

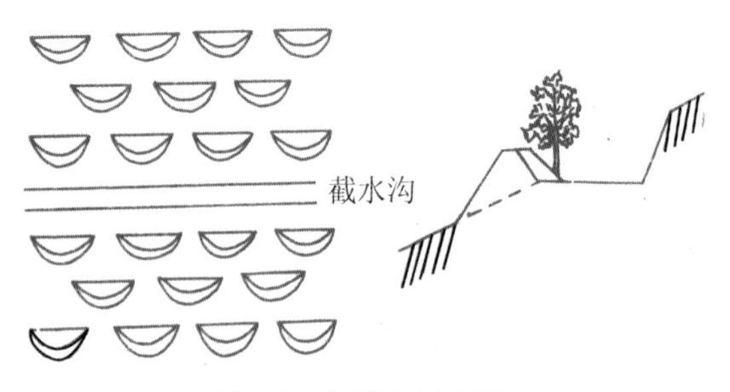

图 3.3　鱼鳞坑示意图

(三) 挖大穴、深施肥

在冬季或植树前一个月左右开始挖穴、施肥。挖穴规格依据实际情况而定,一般施基肥的树穴要求达到 60 厘米×60 厘米×60 厘米。挖穴时,将表土和心土分别堆放,将表土回填。

挖穴后，每穴施腐熟的农家肥5～10千克（鸡粪等）或饼肥（或专用有机肥）1～2千克。在有机肥的基础上，每穴最好再加施石灰0.25千克、复合肥0.25～0.5千克，或磷肥0.25～0.5千克、钾肥0.15千克、尿素0.15千克（图3.4）。

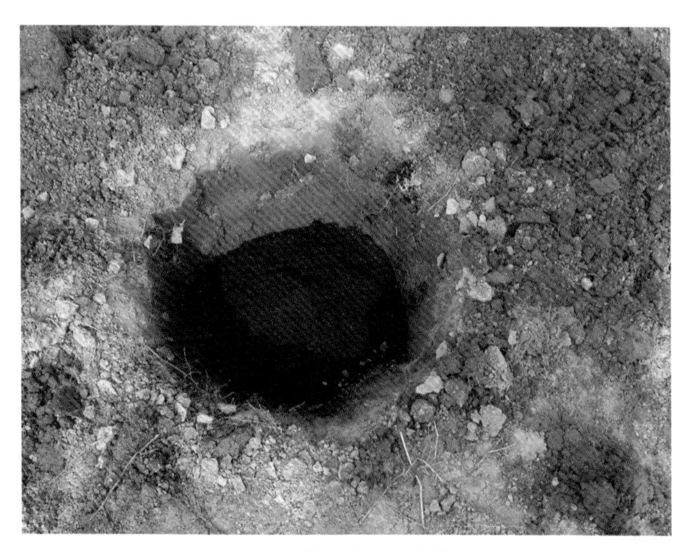

图3.4　挖大穴、深施基肥

挖穴施肥的具体工艺流程：按规格挖好穴→将肥料施于穴底→覆肥沃的表土并与肥料充分混匀→回填表土至2/3深度为止。穴口留出空间使雨水可以流入，以加快有机肥腐烂分解。

提前挖穴施肥不仅可以促进土壤和肥料的充分熟化，减少病虫来源，还能在一定程度上降低栽植时的工作量，缓解3月植树季节人力不足的困境。

实践表明：提前挖穴、挖大穴，早施、深施基肥是油茶早实丰产的关键措施。潜山县某油茶合作社两块相邻的油茶林，在几乎相同的立地条件和管理措施下，栽植第五年深施基肥的鲜果产量为410千克/亩，而未施肥的为58.5千克/亩，相差6倍之多（图3.5）。

(a) 施基肥样地:5 年生亩产鲜果 410 千克

(b) 未施基肥样地:5 年生亩产鲜果 58.5 千克

图 3.5　施基肥与未施基肥比较

第二节　选苗与配置(种苗质量好)

“一粒种子会改变世界”,种子的品质在农业生产中占有特殊地位。发展油茶“成在种苗,败也在种苗”,已经成为所有油茶业者的共识。良种壮苗上山造林不但成活率高、生长快，而且挂果早、见效快，能减少幼林阶段的抚育费用；与此相反，劣种、弱苗、小苗上山造林不但成活率低，而且生长缓慢、挂果迟、产量低、见效慢，大幅度增加幼林期的抚育成本。

一、良种标准

油茶良种标准涉及树木生长状况、产量及其稳定性、品质、抗逆性等多方面因素：

(1) 高产稳产：按冠幅乘积计算，2～3年中每平方米年均鲜果产量1千克以上，每平方米年产油量0.06千克以上。大小年幅度差异在40%以内。目前，安徽林木良种审定委员会在审定时规定的良种亩产油量必须在50千克以上。

(2) 出油率高：鲜果出籽率40%以上，干仁含油率42%以上，鲜果出油率6.4%以上。

(3) 油质优：油脂酸价在3以下，具有较高的不饱和脂肪酸含量。

(4) 生长好：生长快、结果早，树体形态、结构好。

(5) 适应性强：具有较强的抗病能力，炭疽病感染率小于3%。

二、安徽主要推广的良种

安徽省自2009年推广油茶良种以来，各地先后采用长林系列以及安徽当地选育的大别山系列、黄山系列、凤阳系列等数十个本地品种(多为认定良种)，前期新植的油茶林已先后进入产果期，各品种的优劣特性基本显现出来。总体来说，长林系列的8个良种在全省均表现良好，但良种之间在生物学特性、丰产性能、抗逆性等方面也存在一定的差别，需要进一步好中选优；本地品种仅黄山1、2、3、4、6、8号，大别山1号先后通过安徽省林木品种审定委员会审定，其余品种仍处于区试中或被淘汰，推广范围有限。2017年6月30日，《国家林业局关于印发〈全国油茶主推品种目录〉的通知》(林发〔2017〕64号)中规定安徽省油茶生产近期主推品种见表 3.1。

表 3.1　国家林业局 2017 年公布的安徽省油茶主推品种一览表

序号	品种名称	审定良种编号	使用区域
1	长林 4 号	国 S-SC-CO-006-2008	安徽省油茶适生区
2	长林 18 号	国 S-SC-CO-007-2008	安徽省油茶适生区
3	长林 40 号	国 S-SC-CO-011-2008	安徽省油茶适生区
4	长林 53 号	国 S-SC-CO-012-2008	安徽省油茶适生区
5	黄山 1 号	皖 S-SC-CO-002-2008	皖南地区
6	黄山 2 号	皖 S-SC-CO-010-2014	皖南地区
7	黄山 6 号	皖 S-SC-CO-013-2014	皖南地区
8	大别山 1 号	皖 S-SC-CO-022-2014	皖江淮及大别山区

目前,安徽省全面推广国审或省审的油茶良种,表明全省油茶良种应用上了一个新台阶,这为油茶丰产稳产奠定了良好的基础。但表 3.1 中的 8 个油茶良种并不能随意推广应用,因为其中还存在花期不一、在不同立地条件下表现不一等问题,各地需要慎重选择。

三、良种选用与配置

(一) 良种选用

应依据本地情况,从国家林业局规定的安徽省油茶主推品种中选用。

(二) 品种配制

1. 授粉品种配置

油茶是异花授粉树木,而目前繁育的良种或无性系均由单个母株繁育而来。因此,为了提高授粉率,大面积造林需要选择 5 个以上、花期基本一致的良种或品系混栽。如果花期不一致,如霜降籽品种和寒露籽品种混栽在一起，则对植株间授粉不利，更不利的是果实成熟时间相差半个月，种植者若分别采摘就要增加工作量，若同时采摘就会降低出油率（图3.6）。在以上品种中，长林18号、大别山1号为早花品种，较适合在油茶分布最北缘地区推广，建议与长林55号、省认定的凤阳1号等早花品种构建成一组，在滁州市及六安市等地栽植。

图3.6　花期不一致

2. 主栽品种与配栽品种配置

多个品种混栽并不是指各个品种在数量上比例均等。在生产中可采取主栽品种＋配栽品种的配置模式。主栽品种选择生物性状和经济性状最好的，栽培比例可高一些，以充分发挥其丰产优势；配栽品种可选择产量稍低但能发挥授粉作用的品种。例如，① 长林53号、40号产量高，在配置时，长林53号＋40号可占70％，其他30％；② 长林40号产量最高，在配制时，长林40号可占50％，其余占50％。其前提条件是不要影响授粉，以此营造高产林。

四、苗木质量标准

（1）类型：油茶嫁接苗。

(2) 苗龄:2 年生以上(1.5/2～1)。

(3) 质量:一般需要满足 4 项生物指标:① 根系,根系发达,须根多。② 苗高,容器苗的苗高为 25 厘米以上,裸根苗在 35 厘米以上。③ 地径,苗高 25 厘米时,地径粗达到 0.3 厘米以上;苗高 35 厘米以上时,地径粗达到 0.4 厘米以上,高/径的比值小于 100。④ 整体,长势旺盛,无病虫害。

除了注意苗木大小规格外,还应该注意苗木的新鲜度。因起苗时间过早、存放时间过长而导致失水过度的苗木,即使为大苗、壮苗,造林成活率或初期生长量也会明显下降。

第三节　栽植与管护(栽培技术好)

良种仅是实现丰产稳产的一个方面,在生产中还必须有“良法”做保证,即良种＋良法。潜山县林业局与安徽农业大学合作,开展油茶早实丰产技术研究,采用的良种为长林系列;良法为挖大穴＋深施肥、地膜覆盖＋覆土、日常精细管理等。在试验区设置两块固定样地,每个样地面积为 667 平方米,每年 10 月 20 日左右对样地进行测产:2010 年春季造林, 2013 年亩产鲜果 100 千克,2014 年亩产鲜果 410 千克,2015 年亩产鲜果 624 千克,2016 年(干旱年份)亩产鲜果 724 千克,2018 年亩产鲜果 1088 千克。这一试验表明:只要采用良种＋良法,油茶早实丰产就可以实现。

一、栽植技术

(一) 栽植时间

1. 造林季节选择

裸根苗造林一般选在深秋的 10 月中旬～11 月,此时栽植具有先生根、后抽梢的特点,或早春 2 月上旬至 3 月上旬(以 2 月下旬～3 月上旬最为适宜),此时栽植后气温开始逐渐上升,有助于苗木成活。容器苗造林对时间要求不严,可大大延长造林时间，但仍以温度适中、雨水较多的春季或秋季为好。有些地方在冬季（12 月至翌年 1 月）造林，此时温度很低，苗木栽植后在根系无法恢复生长的情况下，地上部分因带叶水分仍在蒸发，易发生失水枯萎现象，影响造林成活率和初期生长。

2. 造林天气选择

油茶植苗造林最好选择雨后阴天进行，栽植前关注天气预报，若栽后 2～3 天内下雨更佳。晴天和光强时起苗造林易引起苗木失水，导致造林成活率低下；温度较高、风力较大时应避免起苗造林。

（二）苗木包装和存放

植苗造林的成活率与苗木包装措施、运输和存放时间、环境等因素有密切关系，其关键是苗木能否维持水分平衡。

1. 苗木包装和运输

随起随栽造林是最佳选择。需要长途运输的苗木，裸根苗应尽量多带宿土或用黄泥浆蘸根，适当修剪主根和密集的枝叶，容器苗也要保持基质湿润，然后用纸箱包装运输（长途运输一定要用纸箱，距离短的话，也可用塑料袋简单包扎）。

2. 苗木存放方式

植苗造林尽量不栽隔夜苗，当天不能栽完的苗木，一定要妥善存放。

（1）阴凉处存放。无论是在苗圃的分级、包装作业中，还是在林地的栽植过程中，若在晴天，苗木最好放在阴凉处，避免强光直射、苗木失水。

（2）假植存放。假植是将苗木的根系用湿润土壤进行暂时的埋置。具体做法是选排水条件良好、背风或与主风方向相垂直的地方挖沟。临时性的假植，将苗木成捆排列在斜壁上培土即可；较长时期的假植，需将苗木单株排列在斜壁上，然后把苗木的根系和苗干的下部用湿润土壤埋上，压实覆土，使根系和土壤密接。如果假植沟内的土壤较干，假植后应适量灌水，但切忌过多，以防引起苗木根系腐烂。

假植质量对栽植成活率有显著的影响，假植苗木要排得松、埋得深、压得实，千万不能让苗木根系曝晒或暴露于空气中。在长途运输后，苗木(裸根苗)失水是难以避免的，如果直接上山栽植，必然影响造林成活率，但如果将苗木假植在阴凉处，给予细心管护，可起到恢复活力的作用，再用此苗造林，相当于随起随栽，可显著提高栽植成活率。

(3) 低温贮藏。将苗木置于低温下保存既能保持苗木质量，又能推迟苗木的萌发期，延长造林时间。南方一般控制在1～3℃。在生产中由于受条件限制，低温贮藏很难做到。

容器苗造林虽然不会像裸根苗那样很容易失水枯萎，但由于容器袋比较小，如果存放时间较长、气候较干燥，也存在苗木失水问题，从而影响栽植成活率。

无论是裸根苗，还是容器苗，在起苗之后至栽植之前的整个过程中，一定要有专人负责，有周密的安排，做好时间对接，尽可能缩短苗木离开土壤的时间和避开易失水的环境(如温度较高、光照较强、风力较大等)，以使得苗木处于新鲜的状态。

(三) 栽植密度

(1) 造林初始密度：目前，我国各地在油茶生产上主要采用的栽植密度为111株/亩(即2米×3米)，但数年后该密度的林分已显过密。因此，在立地条件好的地区，每亩栽植89株(2.5米×3米)或76株(2.5米×3.5米)可能更为合适。栽植密度一般遵循的规则是水热条件好的地区栽稀，水热条件差的地区栽密；肥地栽稀，瘦地栽密；山脚栽稀，山顶栽密；缓坡栽稀，陡坡栽密；间作栽稀，不间作栽密。

(2) 定植点排列：定植点的排列配置应以植株间相互不影响、减少株间竞争为依据。一般缓坡以梅花形或三角形排列为宜；山坡地采用株距小、行距大的梯带形排列方式，以利于光能的利用。

(四) 栽植深度

苗木定植深度以超过原圃地根际1～1.5厘米为宜。但是，嫁接苗一定要将嫁接口露出地面，嫁接口埋在土壤内易遭受病菌感染，影响造林成活率和后期生长。

平坡大穴在回土时，穴位要用土堆成馒头形，防止栽植后穴土在雨季沉陷积水，造成水渍死亡。近几年，因栽植过深而导致苗木渍水死亡的现象屡有发生(图 3.7)。

(a) 过深：主根腐烂，虽产生不定根但仍枯死

(b) 过浅：枯死

图 3.7　栽植深度影响

栽植深度应根据地形地势和土壤质地而定，一般原则是位置高、排水良好、沙性强的土壤可以适当深栽；地势平坦、黏性土应该浅栽高培土；栽植穴土壤松软，应考虑到土壤下沉因素，适当浅栽。

（五）栽植步骤

裸根苗起苗后、造林前应蘸泥浆(图 3.8)，栽植一定要做到栽紧踏实，做到“三埋二踩一提苗”：① 将油茶苗放入穴内，第一次埋土至穴的中部，提苗(保持根系舒展，此环节很重要)，第一次踩土；② 第二次埋土至穴的上部，第二次踩土；③ 第三次埋土(此次不踩土，保持表层土壤疏松)，栽植完成。栽后最好打顶、摘除部分叶片($\frac{1}{2}\sim\frac{2}{3}$)，以减少水分蒸发。

容器苗栽植前应该将容器浸湿，栽植时回填土应从容器四周向下轻轻压实，不能对容器袋过于挤压，否则会造成袋内的根系与基质分离，反而降低栽植成活率。栽植时，苗木根系周围最好用细松土覆盖。

图 3.8　裸根苗蘸泥浆

栽植步骤：挖大穴（60 厘米×60 厘米×60 厘米）→施有机肥（充分腐熟）→加表土（多于基肥量）→有机肥与表土充分混匀（15～20 厘米）→回填表土（10～15 厘米）→用细表土栽植苗木（大约 20 厘米）→苗木根际周围覆盖 1 平方米薄膜→用心土覆盖（超出地面 5～8 厘米），堆成馒头状或鸡窝状（图 3.9）。

（六）水分管理

苗木栽植后，保水、排水是油茶造林成活的关键。无论是平地、坡地或坡度较陡的山地，油茶园一定要做好排水系统和保水措施，具体措施如下：

1. 雨季清沟排水

油茶特别怕水涝、土壤积水（渍水），地势低洼或土壤潮湿的地块一定要做到深沟排水，畦面保持中间略高、两边略低的坡形。

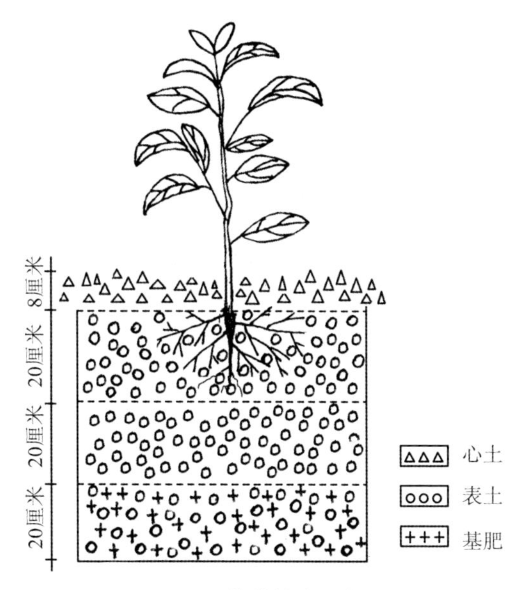

图 3.9 栽植技术示意图

2. 旱季及时浇水

定植后,有条件或需要时应浇透定根水;干旱季节需及时浇水。

3. 保水(排水)措施

(1) 根际培土:将定植点堆成鸡窝状(土堆中间略低),抬高栽植点地势,做到小雨能留住、大雨能排走。

(2) 薄膜覆盖:用塑料薄膜(或地膜)对苗木周围的土壤进行地面覆盖,面积一般在 0.8～1 平方米,随后薄膜上覆盖心土 5～8 厘米。注意,薄膜覆盖后一定要覆土 5 厘米以上,否则在夏季易破损,从而不能发挥保水作用(图 3.10)。

(3) 秸草覆盖:苗木根际周围覆稻草、稻壳或杂草等有机物,面积 0.5～1 平方米,厚度依据覆盖的材料而定,一般 8～10 厘米,并用土块将草堆压,以防被风吹走。

苗木根际复草或铺盖塑料薄膜不仅能保持土壤水分,减少浇水和淋雨导致的土壤板结,而且能防止苗木周围杂草丛生,减少除草费用，一举多得。

(a) 正确方法：先盖地膜后培土

(b) 错误方法：地膜未培土或培土后覆盖地膜

图 3.10　地膜覆盖

(七) 缺苗补植

栽植后 1～2 年内及时查苗补苗，发现缺株后应在适宜种植季节用大苗进行补植，以保全苗。有些生产单位在购苗时有意识地多购买一些苗木进行假植或临时栽植，一旦出现缺苗现象，就及时进行移栽补植，这种方法值得提倡。

二、管护技术

（一）中耕除草

1. 耕作除草

（1）耕作时间与次数

造林当年9～10月除草松土1次，上半年及时拔去穴内杂草。第二年以后（2～4年）每年松土除草2次，第一次在5～6月，第二次在8月下旬至9月。要特别注意的是新植苗或幼小苗在三伏天温度高、地表炽热时不宜除草。幼树或大树在夏季可以照常松土除草，民间有“七挖金，八挖银，冬季深挖赛黄金”的谚语。

（2）耕作深度

松土深度一般为3～5厘米，其基本原则是幼树浅些，大树深些；树冠内浅些，树冠外深些。油茶成林宜深挖垦复，深度一般为20～30厘米，每2～3年进行一次，注意不要伤根。结合扶苗、培土、施肥，把杂草放在根的周围，用土覆盖，作为肥料。

（3）耕作方式

有全垦、带垦和穴垦等，各地应因地制宜采用不同的方式。① 全面耕作：在土层深厚、坡度较平缓（不超过10度）的林地，交通方便、劳力充裕的地方，可进行全面耕作或采取间作，以耕代抚，以短养长。② 带状耕作：在坡度较大（11～20度）、存在水土流失的林地，不宜进行全垦，可采取带状套种、带状抚育。③ 穴状耕作：在坡度较大（21度以上）、水土流失较为严重的林地，可采取穴状垦复。

带垦和穴垦要随着幼树的生长逐渐扩大抚育范围。随着油茶树体的增大，林分郁闭度逐渐提高，垦复次数可逐渐减少。

2. 耕作防草

耕作防草是指通过中耕措施，创造不利于杂草生长发育的环境，从而减少或抑制杂草生长。多数杂草都喜欢表层肥沃、潮湿的土壤，如果使表层土壤比较瘠薄、干燥，杂草的萌芽和生长就可能会受到抑制。建议采取如下措施：

（1）减少表层土营养：整地时将肥力低、无草种的心土覆盖在地表。

（2）减少表层土水分含量：通过培土抬高幼苗根际周围地势，并保持干燥（或先铺地膜，在地膜上再覆土5～8厘米）；深沟排水、并将畦面做成馒头形。

（3）减少草种来源：在秋季杂草种子成熟前，将油茶基地周围的杂草清除，避免种子飞散。

（4）促生长、减少幼树抚育年限：挖大穴、深施基肥，用大苗、壮苗造林，加强抚育管理，促进幼树生长，减少杂草生长空间和幼树抚育年限。

3. 其他除草措施

（1）化学除草

油茶林杂草一般以禾本科的黄茅、白茅等宿根植物和1年生杂草为主，也有少量的单、双子叶杂草。草甘膦是一种广普内吸传导除草剂，对人畜毒性小，使用安全，灭草效果较好。但使用除草剂时一定要特别小心谨慎，尤其是油茶的嫩梢幼芽，对除草剂非常敏感，要注意采取保护措施：① 选择阴天、温度不高、无风或微风的天气施用；② 杂草较小、处于幼龄、对药物较敏感阶段，是防治适期；③ 将油茶苗用塑料袋套住；④ 喷头不能接近植株。使用除草剂对土壤及其产品有一定的长期的不良影响，应尽量少用或不用。

（2）地面覆盖控草

常用的方式有薄膜（或地布）覆盖、秸秆覆盖和生草控草等。① 防草地布（或薄膜）覆盖：用防草地布（或旧的黑色遮阳网）、黑色塑料等材料覆盖，技术比较简单，效果良好，目前在油茶园应用较多（图3.11）。② 秸秆覆盖：该措施优点很多，取材也方便，然而由于担心火灾，故应用不多。

（3）生物控草

① 种草控草：指人工在油茶全园种草或树木行间带状种草，所种的草应能控制不良杂草生长，且对油茶生长有益无害。

据报道：长柔毛野豌豆（学名：*Vicia villosa* Roth，属于一年生豆科植物）具有几个特点：一是适应能力强；二是与其他豆科植物一样，具有固氮作用；三是可“落地生根”；四是长势很旺，很容易盖满地面，不仅令其他杂草无法生长，还具有涵养水源的作用；五是根系浅、茎木质化程度极低，6 月份结豆荚后，植株很容易腐烂，无需刈割，是果园较好的控草植物。

② 养羊控草：据有关专家多年观察：羊不喜欢取食油茶叶片（即忌口），一般在有草的情况下不会危害油茶植株。因此，在油茶林放羊（每亩 4～5 头，不可过多）是控制杂草的有效途径。同时，养羊本身也是一个效益很好的产业，而且羊粪还是改良土壤的良好有机肥，一举多得，可以试用。

图 3.11　盖地布

（二）林地套种

1. 套种目的

油茶幼林期间，利用林地间隙种植绿肥、药材、豆科等作物，以中耕代替抚育，能有效地抑制杂草生长，提高土壤蓄水保肥能力，改善林间小气候，从而促进油茶幼林根系生长和树体发育，达到速生、早实的目的。

2. 植物的选择

油茶幼林间作的主要目的是保护和促进油茶幼林生长，其次才是获得早期收益。套种植物应选择对油茶生长发育和土壤改良有利的植物，如花生、黄豆、苜蓿、紫云英、绿豆等矮秆作物，以耕代抚；而吸水、吸肥能力强的植物，高秆植物和攀援植物等对油茶生长不利，不能作为套种植物。

3. 套种方式

套种务必要保证油茶有正常的生长发育空间，只可在油茶的行间套种，不可株间、行间同时混植套种（图 3.12、图 3.13）。

图 3.12　正确套种：与黄豆、低矮植物等行间套种

图 3.13　错误套种：高秆作物、距离过近、株行间混植

4. 套种距离与年限

套种植物一定要离开油茶一定的距离，一般矮秆作物距离油茶苗在50厘米以上(两边加在一起共1米以上)，套种时间不限；高秆作物距离油茶苗应在1米以上，并且在第四年一定要及时移走，以免妨碍油茶正常生长发育。当前，有些油茶基地套种的高秆园林苗木无法及时移走，导致油茶成为园林树下一种不挂果的灌木。

5. 注意事项

间作要及时施肥，绿肥、豆科作物的茎秆必须要堆沤还山，以提高林地肥力，各种降低油茶林地肥力的行为都要禁止。

(三) 科学施肥

油茶“抱籽怀胎”，终年花果不离身，需从土壤中吸收大量养分。为使油茶高产稳产，必须合理施肥，一般在3月上旬、5月下旬、7月中下旬各施一次追肥，以有机肥为主，化学肥料为辅，氮、磷、钾配合使用。据报道，高产油茶林地土壤有机质含量应在1.75%～3.87%、全氮0.17%～0.31%、全磷0.04%～0.08%；而一般油茶林地土壤有机质含量仅为1.00%～1.96%、全氮0.02%～0.12%、全磷0.02%～0.08%。因此，应结合高产林地的土壤肥力标准科学施肥。

1. 施肥次数与类型

第一年(栽植当年)主要是保证成活，原则上不追肥。早秋施少量磷钾肥(喷0.3%磷酸二氢钾液)，促进其木质化，防止冻害；第二年起开始施肥，一般1年施肥2～3次。

(1) 春季施速效肥。3月新梢萌动前施速效氮肥；施肥量逐年递增(1年不施、2年50克、3年100克、4年200克、5年250克、6年500克)。

(2) 冬季施有机肥。在11月上旬开始，以土杂肥或粪肥作为越冬肥，每株5～20千克(施肥量随着树体的增长，逐年递增)。

2. 施肥方法

有撒施、条状沟施、环状沟施、放射状沟施和穴施等方法。

(1) 撒施:即将肥料均匀地撒布在树冠外围,结合中耕翻入土中。

(2) 条状沟施:大树两行之间、小树在树冠的两则挖沟施肥。

(3) 环状沟施:即在树冠外沿,挖宽、深各 20～30 厘米的圆形或半圆形沟并施肥。

(4) 放射状沟施:即沿树冠中轴挖放射状沟并施肥,沟的规格为宽、深各 20～30 厘米。

(5) 穴施:即离树蔸 30 厘米处(幼树)挖数个 20 厘米深的穴并施肥。

施入肥料后一定要覆土盖好(图 3.14)。在有坡度的山地,肥料要施在油茶树的坡上沿,在雨水浸入后肥料可随水流方向慢慢向下沿渗透。

(a) 环施　　(b) 穴肥　　(c) 条施

图 3.14　施肥示意图

3. 微肥使用

叶面肥除了常用的磷酸二氢钾、尿素以外,还有一些微量元素在其他植物上使用效果良好,在油茶园也可试用。如:硼可解决板栗等作物因缺硼引起的花而不实;锌可有效预防果树等作物因缺锌造成的小叶、黄叶、植株矮小等生理性病害;钛能显著增强光合作用,提高叶绿素含量,促进作物对氮、磷、钾和微量元素的吸收和运转等。

4. 降密增肥

降密增肥是指通过控制植株与枝叶密度等栽培管理措施获得类似施肥的效果。目前,油茶成林普遍存在密度过大问题,加强油茶林密度控制和整形修剪等抚育管理措施,减少部分植株和枝条,可使保留的植株和枝条具有较大的生长空间,从而增加营养面积,产生类似施肥的效果。例如,很多油茶成林的郁闭度在 0.9~1.0,如果将其郁闭度控制在 0.7~0.8,就可以为保留的植株或枝叶增加 20%左右的肥力空间。此外,植株和枝条的减少也扩大了保留植株的光照空间并改善了通风条件,一举多得,效果良好。

5. 肥害问题

施肥时要正确掌握肥料种类、施肥量、施肥时间、施肥方法,如果施用方法不正确,很容易产生肥害。这类教训屡见不鲜,主要问题有:① 施用的人畜粪、饼肥等有机肥未腐熟、化肥施用过近而引起烧根。② 施肥过量,尤其是氮肥过多,导致油茶树生长过旺、叶大而深绿、枝条粗壮、营养生长过度而不结果。③ 高温、干旱或多雨的季节进行根外追肥或喷激素,易发生反渗透导致枝叶枯萎。

此外,施肥还应注意以下问题:① 掌握肥料功效,不能随便混施,如过磷酸钙、硫酸铵等酸性肥料,不要与草木灰、火烧土或石灰等碱性肥料混施,以免失效;② 要以农家肥为主,以保持林地土壤的良好结构;③ 施肥与垦复、中耕、修剪结合起来,并注意水土保持。

(四) 蓄水保水

油茶虽然是耐旱树种,但成林在大量挂果时,需要消耗大量养分和水分,为了避免出现“七月干球、八月干油”等问题,保持油茶林地具有足够水分是获得高产稳产的重要措施之一。保水的主要措施有:① 扩大土壤蓄水能力。深耕改土、增施有机肥、加深土层厚度、改良土壤质地、增加孔隙度,提高土壤蓄水能力。② 减少土壤水分散失。铺草覆盖,适时松土除草、切断毛管水。

③ 健全保水设施。坡地建等高水平梯田、减少地面径流，整修水沟、布防设卡、拦蓄雨水，增加蓄水池。④ 灌溉系统。有条件的地方构建灌溉系统。⑤ 参见本章第三节中的“水分管理”部分。

（五）整形修剪

1. 概述

（1）定义

整形修剪包括树冠整形和枝条修剪两个方面。整形是综合运用多种修剪措施使树冠呈现一定结构与形状的过程。应用于幼龄期和未修剪过的成年树。修剪是灵活运用短截、回缩、疏除、拉枝等基本手段对枝条进行剪截和调整。修剪是在整形的基础上进行的。整形和修剪两者概念不同却又紧密相关，整形必须依靠修剪技术才能实施，而修剪必须在合理的树形结构下才能更好地发挥作用。因此，整形是前提和基础，修剪是继续和保证，两者相辅相成。

（2）作用

① 培养优良树体，便于经营管理。② 调节营养平衡，促进丰产稳产。③ 保持通风透光，增强抗性能力。④ 培养坚实骨架，减少树体损伤。⑤ 更新衰老枝条，延长结实年限。

（3）整形修剪时间

① 休眠期修剪：又称冬季修剪。处于休眠期的树体代谢十分缓慢，消耗极少，这个时期修剪树体养分损失最少，对树势具有一定的促进和增强作用，类似于施肥、灌水的效应，这就是休眠期修剪“剪刀下有肥水”的道理所在。不同类型的油茶修剪时间不一，寒露籽为 11 月中旬至翌年 2 月底；霜降籽为 11 月下旬至翌年 2 月底。冬季严寒常有冻害发生的产区，如北缘地带，以春节后正月期间修剪最好。② 生长期修剪：生长期修剪指的是树体在春季萌芽后到秋后落叶前的修剪。这一时期若剪掉部分枝梢必然会影响和削弱树势，所以应少动剪、多动手（摘心、支撑绑扶、拉枝开角等）。生长期修剪主要用于幼旺树上，老弱树在生长期只进行疏花疏果。

(4) 整形修剪程度

修剪程度指的是修剪量。就全树而言，即指剪去枝条的多少。常用“轻”“重”来表述修剪程度，一般修剪越重其作用越大。修剪程度的原则是疏剪为主，春梢少剪；剪密留疏，去弱留强；弱树重剪，强树轻剪；大年重剪，小年轻剪。

2. 整形修剪“六个三”技术

(1) 三个手段

① 剪除：a. 摘心：属于短截，指用手摘掉新梢顶端幼嫩的生长点部分。摘心可削弱顶端优势，控制新梢生长，增加枝梢粗度，提高枝梢发育质量(图 3.15)。b. 短截：将 1 年生枝梢剪掉一部分。其主要作用是解除顶端优势，刺激下位侧芽萌发，从而促生新枝、增加枝轴粗度、改变枝条延伸方向。短截包括轻截(剪掉$\frac{1}{4}$～$\frac{1}{3}$)、中截(在枝条中上部饱满芽处短截)、重截(在枝条中下部约 3/4 处剪截)三种类型。剪得越多，抽梢越长。剪口芽的选留：距剪口位置最近的芽，其芽尖方向决定以后枝头的发展趋势。若枝条姿势过于直立，应选留外芽作剪口芽，使新出枝头趋向开张，防止冠内光照不足；若姿势过于开张，剪口芽就应选留上芽，使新发出的枝条趋向直立，恢复其生长势；若枝条间相互交叉，枝头可用左、右侧芽当头剪截，使新出枝头分别向两侧发展，避免争夺空间和挡风遮光。c. 回缩：对 2 年生以上枝条(弱枝)进行剪除。回缩修剪缩短了养分、水分在枝梢与根系间的输送距离，减少了消耗器官的数量，能促进所留枝条的生长和潜伏芽萌发，多用于结果后下垂衰弱的枝干和枝组的更新复壮。d：疏除：也称疏删，指将多余的无用枝条从基部彻底去

图 3.15 摘心

除。该法多用于超负载、超密挤、缺乏营养与光照的树冠改造和病虫枝、枯枝等的修剪。根据应去除的对象,疏除可分为疏枝、疏芽、除萌、疏花、疏果、疏梢和疏叶等。

② 开角:对角度过小的直立性骨干枝,可用别枝、绳拉、石坠等方法进行开角(图 3.16)。

图 3.16　开角:拉枝、吊枝、别枝

图 3.17　绑缚

③ 绑扶:对于枝干比较软、呈匍匐生长的品种,可通过竹竿或树枝绑扶使其直立生长(图 3.17)。

(2) 三个程序

① 先看后剪:为了找出问题后再确定如何修剪,在大树修剪前,应先围绕树体转几圈。

② 先下后上:为了便于操作,应先剪下部枝条,再剪上部枝梢。

③ 先大后小:为避免小枝误剪,应先剪大枝,再剪小枝。

(3) 三个目标

① 上部控制过高:幼树期通

过摘心、定干的方式控制高度增长；后期应坚持对顶端过高的梢头进行控制，若行距为 3 米，其最后树高维持在 2 米左右，不要超过 2.4 米，因为树木过高不利于生产操作和树冠的营养输送。

② 下部清空通风：对下垂枝、萌生枝、脚枝进行清理。在第一年至第三年剪除贴地面枝，在第四年至第八年剪除 30 厘米以下枝，第八年以后，剪除 50 厘米以下枝。

③ 中部丰满匀称：去除树冠内的过密枝、下垂枝、交叉枝、平行枝、徒长枝、细弱枝、病虫枝等，保持树冠丰满完整，避免存在明显缺失的空间，并保持枝条分布有序，不稀不密(图 3.18)。

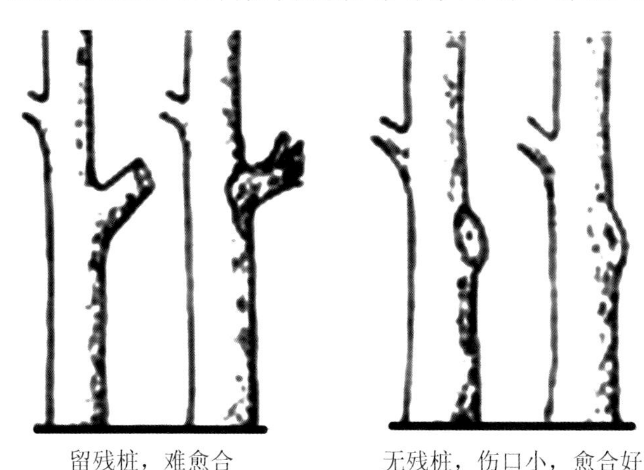

图 3.18 留桩长度

(4)三个部位

① 主干、主枝培育：于栽植后的第三年或第四年进行。当树干高度达 80～100 厘米并且有一定数量和层次的侧枝时，便可以开始整形修剪。具体方法：a. 距离地面 20 厘米左右选留第一主枝，剪去或抹去以下所有小脚枝；b. 选留拟培育的主枝 3～5个，不能少于 3 个，方向应错开；c. 枝间距在 5～10 厘米最好，不能小于 5 厘米，将其他枝从基部疏剪；d. 最后定干，主枝确定后，在最上端枝与干的结合点，将顶端向上生长的干截去，截干的位置距地面 50～60 厘米为宜。

② 副主枝培育：在首次整形的1年后进行。在各主枝距主干20厘米左右选留一强枝作为第一副主枝培育，从第一副主枝开始，每隔5～10厘米，选留第二、第三副主枝，副主枝的方向应相互错开，但尽量不留向下方生长的枝条。如果整个主枝的长度达到50厘米，则在最前端的副主枝与主枝的结合部将主枝顶端截去。1年后，基部形成3～4个主枝、9～12个副主枝和侧枝的分布合理的理想树形。

③ 树冠培育：在栽植5～6年后。通过前几年幼树的整形修剪，树木主干、主枝、副主枝等已基本确定，树木骨架已初步形成，随后便进入日常修剪阶段。该阶段的主要任务是控制和调整树体，以保持树体适当的高度、树冠内枝条分布丰满匀称和良好的通风透光。较理想的树形结构：a. 树冠完整，干、枝、叶分布均匀，通风透光，受光面大，结果层厚；b. 树体较矮（2米左右），有利于经营管理；c. 合理的叶果比，成年树每个果实有18～35枚叶片。在主枝、副主枝上自基部选留一定的辅养枝。每年剪除第一主枝以下的枝或萌芽。

（5）三种树形

① 自然圆头形（树干分枝点较高，分枝开张度较小）：定干高度50～60厘米；在40～50厘米处选3～5个方位合理的枝条作为主枝培养；在每个主枝上选2个分枝作侧枝；适时剪除根蘖、病虫枝、平行枝、交叉枝、下垂枝、过密枝。

② 自然开心形（树干分枝点较低，分枝开张度较大）：不选留中心干；其余与自然圆头形类似。

③ 疏散分层形（有明显主干，树体较直立，树冠分枝点较高，分枝角度较大，主枝分层分散在中心干上）：选留中心干，中心干高度高于主枝高度；在中心干上距离第一层80～100厘米范围内，选留2个壮枝形成第二层主枝；其余与自然圆头形类似。

(6) 三个时期

油茶三个时期的修剪目的与方法见表 3.2。

表 3.2　油茶三个时期的修剪目的与方法

时期	修剪目的	修剪方法
幼林期	培养骨架结构,促进成花结果	见前述“三个目标”“三个部位”的修剪措施
盛果期	改善树冠通风透光条件和枝叶果生长发育的质量,维持树体平衡,保持丰产、稳产	1. 控制树高、清理四周。压低树高,及时清理树冠内的密枝、乱枝,回缩老弱枝,去除病虫枝,保持通风透光 2. 分步修剪、轮替结果。以间隔回缩的方式对枝组进行更新,培养两套枝,平衡叶果比,防止大小年
衰老期	对树体进行更新复壮,提高枝、叶、果的质量,延长树体经济寿命	1. 树体回缩、更新复壮。压低中心干高度,收缩外围树冠,缩短养分、水分在枝梢与根系间的输送距离;去除衰弱枝、过密枝等,减少消耗器官;彻底改善树冠的通风透光条件,促进下部主枝恢复生长,促发新枝 2. 深翻改土,截断老根,促发新根

(六) 密度控制

密度是指单位面积林地上油茶植株的数量,用“株/公顷”或“株/亩”表示。丰产的油茶林应该株行距整齐,密度适中,分布均匀。过稀、过密或稀密不均都会降低对光能和地力的利用,浪费空间,影响单位面积产量。

目前的造林密度多数采用 111 株/亩(2 米×3 米)。实践证明:在立地条件较好的林地,这一密度在七八年后就会逐渐郁闭,密不透风,刚进入丰产期产量就开始逐渐下降。建议这类林分要及时进行间伐与修枝,每亩保留 60～80 株即可,具体密度依据当地实际情况而定。一般原则是植株与植株间枝条不重叠，并保持0.3～0.5米的距离为宜，郁闭度控制在0.6～0.8，以确保植株四周光照充足、通风良好。

目前，我国的油茶林大多病虫害较多，产量不高，其中一个很重要的原因就是密度过大。在密度较大的竞争条件下，油茶植株个体的水平生长空间受阻，树体被迫使进行高生长，树冠与根系距离加大，水分养分输送困难，导致树势生长衰弱；林内通风透光不良，容易滋生病虫害，林分早衰，产量低下；即使产少量果实也很难采收。合理密度可较好地满足油茶植株对营养面积、光照空间的要求，改善通风条件，是增强抗逆性、获得丰产稳产的重要途径之一，也是一项容易实施的生产措施，它的效果绝不亚于施肥，甚至比施肥更为重要。

（七）授粉昆虫

1. 培育土蜂

油茶是异花虫媒授粉树种，坐果率的高低与授粉昆虫的多寡呈正相关。在油茶林中，授粉的昆虫有40多种，其中授粉效果最好的是土生野蜜蜂，如油茶地蜂（*Andrena camellia* Wu）、大分舌蜂等。培育土蜂的具体措施有：① 招引土蜂筑巢。在没有土蜂或土蜂很少的油茶林，可通过垦复、筑梯田、挖竹节沟、埂上挖马蹄坑等招引土蜂筑巢；② 保护土蜂。土蜂在10～11月下旬羽化出土，此时不要在油茶林内喷洒农药。

2. 人工放蜂

人工饲养的蜜蜂也有传粉作用，但由于油茶花蜜浓度大、皂素多，蜜蜂群采蜜后易发腹胀、腹泻等，以及雄蜂增加、削弱蜂群等现象，使放蜂受到影响。因此，只有给蜂群喂食人工配制的解毒药，才能放养采蜜。为此，中国林科院林研所研究筛选出“解毒灵”1号、2号和6号等多种高效廉价解毒药，并在此基础上研制出“油茶蜂乐”等蜂王产卵刺激剂，还筛选出适合油茶林的蜂种，如中国黑蜂、高加索蜂和高意杂交蜂等。只要采取系统的技术措施，不仅油茶能增产35%以上，而且每亩每年可产蜂蜜8～

15千克。

(八) 病虫害防治

详见第六章。

(九) 采收和储藏

1. 油茶果的采收

油茶果收摘的季节性很强,一般从充分成熟到茶果开裂只有10多天时间,必须抓紧这一时期收摘。收摘过早,茶籽未充分成熟,水分多、油分少,出油率不高;收摘迟了,茶果开裂,茶籽散失,造成浪费。所以掌握油茶果各个品种(类型)的成熟期,根据当地的气候,适时收摘是十分重要的。不同时期收摘的油茶果实,其含油率有很大的差别。安徽省安庆市霜降籽的含油量测定结果见表3.3。

表3.3 不同时期收摘的霜降籽含油率的变化

收摘期	种壳(%)	种仁(%)	种仁含油率(%)	茶籽含油率(%)	降幅(%)
10月10日	41.89	58.11	45.37	21.83	23.29
10月13日	40.77	59.23	45.56	21.97	22.94
10月16日	39.04	60.96	49.49	24.89	12.70
10月20日	39.37	60.63	51.69	25.57	10.31
10月25日	37.28	62.72	52.30	27.30	4.24
10月29日	37.64	62.36	52.49	28.51	0.00
11月1日	35.65	64.35	51.59	27.74	2.70
11月5日	35.44	64.56	51.91	27.91	2.10

从表3.3可以看出,10月29日采收的茶籽含油率为28.51%,10月10日为21.83%,过早采收的茶籽含油率下降了23.29%,但采收过迟也会降低茶籽含油率,如11月1日、5日采收的茶籽含油率分别降低了2.70%、2.10%。

不同的物种,其成熟期是不同的。对于普通油茶,通常寒露籽在寒露前后成熟,霜降籽在霜降前后成熟。一般应当在相应节气的前3天到后7天的这10天内采摘油茶果最为适宜。采摘除掌握时间外，更要注意观察油茶果实的成熟特征。当油茶果色泽变亮，红皮果变为红中带黄，青皮果变成青中带白，果皮上茸毛脱尽，茶果微裂，容易剥开，籽黑褐发亮，种仁白中带黄，呈现油亮，便已充分成熟。此外，还应十分注意收获季节的气候、雨量等自然条件的变化，合理安排，适时收摘。

2. 油茶果的干燥与储藏

新采摘的油茶籽含有较高的水分，必须经干燥后才能进行后续加工或储藏。据测定：500 千克鲜果含水分 230～250 千克、茶蒲 165～170 千克、干籽 100 千克(不同品种有一定的差异)。油茶籽水分含量在 13%～15%时才适合脱壳和制油，而储藏的安全水分则为 8%～9.5%。

安全水分含量即在某温度条件下油茶籽能保持安全储藏的水分含量，低温下的安全水分含量允许高一些。一般安全水分含量均低于临界水分含量。临界水分含量是指油茶籽的水分含量增加到某一点时，该油茶籽的呼吸强度突然加剧(开始生化生理活化、发热消耗、变质变味)的转折点水分含量。

油茶籽的合理干燥和良好储藏可以防止劣变，改善品质。常用的方法是晒干或烘干。在大多数油茶籽产地最简单的方法是晒干或烘床烘焙。有条件的地方已采用专用的热力干燥设备进行人工干燥，处理量大、周期短、品质均匀。

(1) 晾晒

油茶果实有后熟作用。采摘的油茶果堆沤 6～7 天，于晴天及时翻晒，一般曝晒 3～4 天后，几乎全部的茶籽会脱离果壳。清理出来的茶籽再晒 3～4 天，用手抓起来摇晃，会发出清脆的响声，说明已基本晒干，可短期收藏。实验表明，油茶籽经过曝晒，粗脂肪明显增加。这是因为淀粉、可溶性糖类发生了转化。经日晒后，水分减少，干物质含油率增加。

(2) 烘焙处理

需要较长时间储存的油茶籽可进行烘焙处理，以进一步降低水分。一些小型茶油厂，在茶籽水分大于 16%时，茶籽在压榨前一般都经过烘焙处理。通过热烘，一方面降低油茶籽水分，另一方面使油茶籽细胞内部的胶体、糖分、纤维素、蛋白质凝固，以利于压榨出油。

烘床通常为长方形，100 平方米焙床可烘焙 15 吨茶籽，每 12 ～14 平方米要有一个烧火点。常见的焙床结构：一是用铁丝网全部铺平，二是用竹帘铺成一边高一边低，高低相差约 20 厘米。因在烘焙过程中要不时翻动，采用一高一低形式的焙床，易于翻动茶籽。焙床采用楼梯状炉灶，炉膛做成卧式的“百叶窗”形式，用砖封顶。烧火后，热空气先通过“百叶窗”进入焙床下部空间，再上升并透过铁丝网从而烘焙油茶籽。

茶籽烘焙 4 ～ 5 小时后，就要将上层翻到下层，再烘焙 4～5 小时，抓一把能摇出响声时就可下焙，这时茶籽含水分基本在 13%～15%。含水分 20%以上的茶籽，要焙干到 13%～15%的含水量，约需 8～10 小时。烘焙茶籽不能用大火，否则会欲速而不达，火大时会形成高水分茶籽表面塑化，导致里层水分散不出来，以致外熟内生，影响茶籽品质。

（3）热力干燥

对于收获期水分高而且批量大的油茶籽可采用专用的热力干燥设备。如竖式热风烘干机、回转滚筒烘干机、远红外平板烘干机、振动流化床干燥机等。在干燥工艺上必须严格控制干燥温度，避免对油茶籽品质造成损害。如采用混流式粮食烘干机干燥油茶籽，干燥介质温度为 80～90℃，物料最高温度不超过 55℃，日处理量 20 吨，含水率低于 10%。如油茶籽做种子用，干燥介质温度不应超过 60℃，油茶籽温度不应高于 40℃。

（4）储藏

油料储藏的基本方法有干燥储藏、低温储藏、通风储藏、气调储藏等。目前，油茶籽通常采用简单易行的干藏储藏方法。油茶籽糖分含量较高易发生霉变，而且一旦霉变基本上会变为空壳。影响发热霉变的主要因素是水分，因此必须在临界水分以下进行储藏。此时油茶籽处于休眠状态，呼吸作用微弱，微生物及其他害虫的活动也受到最大限制，储藏的稳定性大大提高。储藏库房要保持干燥和通风，防止鼠害。

第四章　增强抗冻性栽培技术

植物在自然界会经常遇到环境条件的剧烈变化，当变化幅度超过了适于植物正常生存的范围时，这种变化就是逆境。逆境因素很多，大体可分为生物因素和理化因素两大类。生物因素包括病害、虫害、杂草；理化因素分为物理因素（如雪灾、风害、光照过强或不足等）、化学因素（除草剂、化肥的副作用、盐碱土、各类污染等）、温度因素（高温热害、低温冻害）、水分因素（积水渍水、干旱）。植物在某一环境因子过强或不足的情况下的生存能力，称为植物对该环境条件的抗性。

本章主要关注北部边缘区油茶易受低温危害的情况。低温对植物的危害分为两种类型：① 寒害，一般指 10℃以下 0℃以上的低温危害；② 冻害，足以引起植物体内结冰的零度以下的低温危害。在本地区的低温危害主要为冻害。增强抗冻性栽培技术与第三章的“丰产林营造技术”在内容上没有显著区别，只是在油茶栽培与管护中更加突出防冻措施。

第一节　林地与种苗选择

选地与选苗实际上就是“适地适树适品种”，这是最根本的措施。如果在造林时未能达到适地适树的基本要求，后期无论采取何种措施，都很难达到理想的效果，或者事倍功半。

一、林地环境选择或改善

（一）林地小环境选择

北缘地带在发展油茶时除了要选择适宜的土壤条件（如土层深度、土壤质地、pH 等）外，还应注意选择适宜的小气候地形，避免选择冻害经常发生的地区。在海拔方面，应选择低海拔山地，如在大别山东北麓地区（六安市）栽植油茶，其海拔高度最好不要超过 350 米；在坡向方面，山地种植应选择在南坡、东南坡建园，避免在北坡、东北坡、西北坡建园；在地势方面，应选东南方向开口、冷空气难进易出的地形建园，不要在封闭的、冷空气易积聚的山窝或洼地建园；水面具有降温、升温的缓冲作用，可充分利用河流、池塘、水库等改善小气候的能力，从而减轻油茶冻害。

（二）林地小环境改善（营建防风林带）

防风林带可降低风速、调节空气湿度和温度，对于小地形不明显的平缓地带，建议营建防风林，以减少油茶园冻害和其他灾害的损害。防风林带应该选择速生、树体高大的树种，并以常绿树种为主，最好乔、灌木结合；防风林带的宽度越宽越好，至少在三行以上，株距适当缩小；防风林带应设在迎风面上，与当地有害风或长年大风的风向垂直，如果不能与主要风向垂直，可以有 25～30 度的偏角，但不能超过此限。

二、种苗选择

（一）选择早花抗寒性品种

我国目前所推广的油茶良种中，在产量方面：一般霜降籽高于寒露籽；在抗寒性方面：一般寒露籽（花期早）比霜降籽（花期迟）耐寒。各地应依据本地的气候条件，科学选用油茶良种。例如，六安市、合肥市、马鞍山市、滁州市发展油茶最好选择早花耐寒的寒露籽类型的品种。2017 年作者在舒城某油茶基地调研，发现来自于南方的一些油茶品种（霜降籽类型）在 12 月中旬还处于盛花期，而此时温度已较低，油茶园里几乎见不到昆虫活动，授粉不良，影响产量；同时，此时油茶还处于生长发育期，而温度较低可能会直接对植物本身造成不同程度的寒害，导致产量下降、甚至绝收（图 4.1）。因此，对于油茶分布的北缘地带、年平均气温在 16℃以下的地区，在选择栽培品种时首先应考虑有产而不是高产，即宁愿选择产量低一些、耐寒性较强的品种，而不能选择高产(只有在适宜区才会高产)、易受冻害的品种。

图 4.1　花期较迟(2017 年 12 月 12 日摄于舒城)

(二) 选用大苗壮苗

树龄越小，组织越柔嫩，越易受害。为了减少造林后的受害几率，应培育大苗壮苗上山造林。壮苗大苗的基本条件是 2 年生以上、根系发达、苗高在 50 厘米以上。为了达到这一目标，无论什么类型的苗木，后期都应该稀植(每亩 3 万～4 万株)。目前，扩根容器苗是一种较好的苗木类型，它既有容器苗能带土栽植的优点，又有裸根苗根系舒展、发达等优点，非常适宜于北缘地区油茶栽植选用。

第二节 管护措施

在北缘地带油茶园的各类抚育管理中，始终要将防寒措施考虑进去，千万不可放松警惕。

一、增强抗逆性施肥

（1）冬施基肥：越冬前（11月）在油茶行间施用腐熟的猪牛栏粪、堆肥、人畜粪等有机肥料，既能提高土温，保护根部，又能促进根系生长。结合施肥，对油茶进行中耕松土培蔸，对阻挡寒风侵袭，提高吸热保温与抗旱能力有一定作用。

（2）增施磷钾肥：磷钾肥可提高细胞液浓度，增强细胞的抗寒力，一般每亩沟施或穴施10～15千克过磷酸钙、5～7千克氯化钾。草木灰含钾素且保温性强，在天气骤然变冷时，在油茶叶面和田间撒施一层草木灰，可直接保护叶面，增加土壤吸热性能，提高土壤温度。

（3）叶片喷施叶面肥：在10～11月，用0.2%的磷酸二氢钾溶液叶面喷施，增加新梢木质化程度，有利越冬。

二、增强抗逆性整形修剪

通过整形修剪各项技术措施加强骨干枝的培养、保持树体适度矮化、主枝与树干夹角较大、树冠内通风透光和上下穿透性较强（即较多雪片可穿透树冠降落到地面），增强新梢的木质化程度，减少雪片在树冠上的积累量，增强抗逆性。

三、加强根际保护

在易遭受冻害的地区，寒潮来临前或入冬以后，可在油茶园根际周围或行间进行培土或覆盖。培土在油茶根际周围，面积1平方米左右、厚度10厘米左右；覆盖在油茶园行间或根际周围，覆盖物可选择稻草、杂草、薄膜等物，以不露地面为宜，草类覆盖厚度10厘米左右，同时压土防风。这样既可抵挡风霜直接侵袭,又可减小夜间地面辐射,促进油茶园地温上升,提高树体温度。

四、促进生长势

油茶生长势强弱与冻害程度呈负相关,油茶生长越健壮、新梢组织发育越充实,受冻害的程度就越轻;相反,生长势越弱、新梢组织发育越不良,受冻害的程度就越重。因此,在油茶栽培管理中,务必采取科学合理的经营措施,促进油茶植株健壮生长,以获得丰产稳产,同时减轻冻害的损害。

第五章　油茶低产林改造技术

低产林与高产林是相比较而言的，各地低产林划分的标准不一，一般每亩年产油在 15 千克以下的油茶林分，被划分为低产林。传统意义上的低产林通常指采用种子或实生苗造林、经营管理粗放、产量低下的林分，20 世纪营造的油茶林几乎均为低产林，本书中称其为"老低产林"。近期（安徽主要为 2010 年以来）所营造的油茶林，虽然均为无性系，但有的是品种良莠不齐；有的是品质不高的良种（认定的良种）；有的虽是良种（审定的良种），但经营管理不善，也处于低产低效状态，本书中称其为"新低产林"。以下就这两类油茶低产林分别进行介绍，并提出改造措施。

第一节　老 低 产 林

一、低产原因

（一）林地荒芜，乔灌草丛生

因经营管理不善，垦复不及时，油茶林长期撂荒，不仅造成林下灌木和杂草丛生，上方还被马尾松、杉木、枫香等乔木遮光和挤压。据调查，在油茶林荒芜的林分，林地水肥养分的 90% 被乔灌杂的根系吸收利用。因此，林农说："一年不垦草成行，两年不垦减产量，三年不垦叶片黄，四年不垦茶山荒。"

（二）品种混杂，低产品种居多

优良品种（类型）是油茶优质丰产的基础。长期实生栽培或落籽形成的油茶林，它们之间的花期、成熟期、果实经济性状以及抗病虫能力各不相同，差异甚大。据调查，老油茶林挂果性较好、产量较高的品种在林分中仅为10%～14%，而产量很低的品种占50%以上，导致整体产量低下。

（三）品种抗性差，病害严重

不同油茶品种（类型、甚至单株）抗性差异大。老油茶林不少是易感病植株，容易感染炭疽病和软腐病等，各地常年因病减产达30%左右，重病区减产可达50%以上。

（四）立地不适，生长不良

老油茶林的林地复杂多样，如海拔过高、水土流失严重、土层浅薄、阴坡（北坡、东北坡和西北坡）或山洼光照不足等，导致植株生长衰弱、林相混乱、病虫害滋生，产量低下。

（五）林分过密，通风透光差

老油茶林因多年无人经营，长期落籽成林使单位面积油茶植株越来越多。且随着树龄增长使得树体越来越大，导致林分密不透风，几乎不挂果。即使少量挂果，也很难采收。

（六）树龄过大，林分衰老

当油茶生长结实50～60年后，尤其是结实盛期的后期，其个体发育进入衰老阶段，生理机能渐弱，根部的吸收能力、叶片的光合能力减弱，没有充足的养分供给生长发育的需要，主要表现为：新梢生长量减少，花芽分化很少，枯死枝日趋增多，冠幅逐年缩小，主干和主枝上附生着苔藓、地衣和桑寄生，病虫害增多，落花落果严重。这类老残油茶低产林，即使加强管理其产量也难以提高或提高幅度不大（图5.1）。

二、改造措施

老油茶林低产是多方面因素形成的，在改造前首先要找出低产的主要原因，有针对性地采取改造措施，才能获得预期效果。油茶低产林改造方法主要有六大措施。

（一）杂木要清除

对于长期撂荒导致杂灌丛生、藤蔓缠绕，还有马尾松、杉木、枫香等不同高大乔木与其混生的油茶低产林，必须先清除上层高大乔木，砍去杂灌和清理缠绕的藤蔓，使油茶从被压的状态下解脱出来，重新获得充足的光照，然后再进行垦复、施肥等营林措施。一般在杂木清理后，第二年即可较大幅度地提高产量。

(a) 品种不良、密度过大、杂灌丛生、树体衰老

(b) 单株

图 5.1 老低产林

（二）密度要调整

依据不同的立地条件，保持油茶成林密度在60～80株/亩、郁闭度在0.7左右为宜。但在实施过程中，不能盲目操作。对过密的油茶林，先在果实采摘前将过密、不结果、老残的植株做上记号，待冬末春初进行间伐；如树龄在15年以下，长势和结果好的可带土移栽；对于缺株或稀疏（林间空地大于3米×4米），可采用良种大苗补植。

（三）劣株要更新

本书所指的劣株包括劣种和弱株两类，具体改良措施为：

1. 劣种换优

针对品种经济性状不良、挂果少或病害重、产量低的植株。更新方法：① 补栽良种。砍除劣种后，选用大苗壮苗进行补植。② 高接换优。对林相整齐、生长良好的劣种低产植株也可采用高接换优的方法进行改良（具体操作详见第二章第一节“大树换冠部分”）。

2. 弱株更新

品种的经济性较好，但生长衰退，树势弱。这类情况在全省极少见，若有可采取“切枝更新或重剪”（详见本章第二节“改造措施”的第五项）。

（四）树体要修剪

老油茶低产林多为种子直播造林，一穴多株或一株多萌的现象较多，其特点是主干多、树冠拥挤、枝条重叠、光照不足、内膛空虚、结果部位外移。修剪时首先要剪除结果不良的，仅选留其中一株生长结果较好的植株，再将根际萌蘖一律疏除，同时疏除病虫枝、枯死枝、过密交叉枝，清理裙枝。打开光路，使树体透风、恢复生机。

（五）土壤要耕作

1. 垦复深翻

垦复深翻可在冬、夏两个时期展开。深翻多在冬季进行，深度为 30 厘米以上。垦复方法可根据油茶林的地形、地貌、土壤和树龄的不同，采取全垦、带状垦复、穴状垦复、阶梯式垦复或壕沟抚育等。不论采用何种垦复方法，都要以不造成水土流失为前提。实践证明荒芜或管理不善的油茶林一经垦复就可“当年得利，两年增产，三年丰收”。

2. 蓄水保土

老油茶林大多数在坡度较大的山上，土层较为瘠薄，油茶生长较弱。因此，在坡度较大的油茶林，蓄水保土是实现增产、丰产的一项重要技术措施。

垦复时在水平带上沿环山水平方向，可采用半挖半填的方法，把坡面一次修改成水平梯带，外高内低，梯内每隔一段距离（6～8 米）挖长 1～1.5 米、宽和深各 40～50 厘米的水平竹节沟，在雨季既可减缓地表径流、防水土流失，也可提高水分渗透性，在旱季起蓄水抗旱的作用，对油茶生长发育十分有利。在坡度较大的林地，也可将油茶林整成鱼鳞坑状，达到植株周围局部土层加厚、蓄水抗旱等目的。

3. 合理施肥

秋冬以有机肥为主,春夏可施速效肥;大年以磷钾肥为主,小年增施氮肥或复合肥。施肥方法:结合垦复,在树冠外沿环沟或梯带内壁开沟施用。在有较大坡度的林地,应在树冠上沿林地进行沟施(图 5.2)。

(a) 林地清理、除草　(b) 培土

(c) 补植　(d) 嫁接

图 5.2　改造措施

(六) 病虫害防治

具体防治方法详见第六章。

第二节 新低产林

一、低产原因

(一) 选地不当

“适地适树”是油茶正常生长发育、丰产稳产、获得效益的基础,但目前有些油茶基地选地不够理想。例如,有的坡度太大、有的坡向不适(光照不足)、有的低洼积水、有的土层瘠薄等,导致造林不成林或成林慢、产量低、效益差。

(二) 品种良莠不齐

2010 年前后,推广油茶良种工作刚开始,因良种资源不足,依然存在一些质量不高的品种进入市场,同时也有些品种不适应本地的生长环境,产量较低。

(三) 栽植技术落后

在油茶栽植生产过程中,因技术培训不到位,出现了很多问题。如有的容器苗有卷根现象;有的裸根苗栽植时未提苗,存在窝根现象;有的栽植过深(或栽植穴土壤疏松,栽植后下沉)等。苗木在栽植后生长发育不良,甚至栽植多年后还在逐渐枯萎。

(四) 套种不合理

目前套种存在的问题有:① 套种距离过近,对油茶造成伤害。② 套种方式为株间、行间混植,影响油茶透风透光和生产管理。③ 套种高秆植物,如玉米、园林树木等,严重影响油茶的生长。尤其是园林树木不能及时移走,导致油茶被压,甚至彻底被毁。

(五) 密度过大

油茶造林密度主要为每亩 111 株(2 米×3 米),但也有每亩 166 株(2 米×2 米),还有随意增加密度的。同时,过去营建的大部分密度较大(约 220 株/亩)的采穗圃,目前部分也需要转型。这些油茶林刚进入丰产期就已完全郁闭,使得油茶林密不透风，光照不足，产量逐年下降，成为新的低产林。遗憾的是，当前很多人对此认识不清，未能及时采取降低密度的措施，人为造成了越来越多新的低产林。

（六）管理粗放

有的企业因资金不足，油茶栽植后粗放管理，导致油茶园荒芜。还有的企业发展速度过快，油茶园面积过大，人手不足，因而管理跟不上，导致间断式草荒（图 5.3）。

(a) 立地不良　　(b) 密度过大

(c) 杂草丛生　　(d) 林下栽植

图 5.3　新低产林原因

二、改造措施

（一）立地改善

对于选地不当的低产林，该放弃就放弃，如坡度过大、土层瘠薄、阴坡等地段。否则，经营时间越长，损失就越大。对有希望获得较好产量的局部地块,可针对其存在的问题加以改造,如低洼处可加强排水;土层瘠薄处可进行施肥、培土等。

（二）品种更换

油茶新低产林的品种改造要果断、快速,不能拖延。先对油茶林挂果情况进行摸底调查,做好记号,对不良品种(所占比例不高)立即用良种大苗补植或高接换优方式进行改造。

（三）科学套种

(1) 套种时油茶要独立成行,只能在行间套种,株间不可套种。

(2) 套种植物应选择矮秆植物,避免种植藤蔓作物(如西瓜等)、高秆植物(如玉米、高秆园林树木等)、吸水吸肥很强的作物(如棉花、芝麻、麦类等)。

(3)套种植物与油茶植株的距离应在 50 厘米以上,若选择园林等高秆植物,距离油茶植株要在 1 米以上,且第四年以后要及时移走。例如,两个油茶林同年栽植,中间只相隔一条路,左边油茶林于 2017 年春季移走园林树木,2018 年果实累累,每亩可产鲜果 400 千克;右边油茶林中的园林树木仍保留在,只有稀疏的果实,每亩鲜果产量不足 100 千克,差异非常显著(图 5.4)。

(a) 移走后果实累累

(b) 未移走,几乎无产量

图 5.4　套种树木移除效果

(四) 密度控制

油茶是强阳性树种,必须透风透光才能获得良好的产量。一般郁闭度保持在 0.7 左右比较合理,应长期加以维持。这是最容易操作且效果最好的管理措施。

(五)切枝更新或重剪

对树势衰弱,但结实好、产量高的植株,可于冬末春初树液流动前,将待更新树主枝中、下部,在分枝处以上的大枝全部剪(锯)除(图 5.5),待萌条长至 5～10 厘米后,选留方向好、角度适宜、生长健壮的萌条 3～5 条,进行新的树冠培养,其余剪除。更新植株 3～4 年可恢复产量。在操作中,锯(剪)口呈斜面,要光滑并涂抹伤口愈伤剂或保护剂,以便加速伤口愈合。有些树体较高、树形不良、但结实较好的植株,也可以进行重度修剪,压低高度,促进树体通风透光,可很快恢复产量(图 5.6)。

图 5.5 切枝更新

(六) 加强管理

俗话说"三分种、七分管"。油茶在前 4 年都处于只有支出、没有收入的状态,油茶业者事先应该做好周密的投资规划,做到凡是栽植下去的油茶林都有能力进行管护。实践证明:油茶前期按科学管理,投入资金越充裕,获得效益就越快、越高;反之,投入越是不足,获得效益就越慢、越低,甚至导致造林失败、造成亏损。

图 5.6　重度修剪

第三节　低产林预防措施

一、低产林与丰产林的生长条件比较

大面积推广油茶良种造林已有 10 年时间,大量的生产实践表明:只要真正掌握油茶的生物学特性和栽培技术,做到“良种+良法”,创造出一个好的油茶生长环境,油茶的产量是可以保证的,低产林现象是能够避免的(表 5.1)。

表 5.1 低产林与丰产林生长条件比较一览表

类别	栽培措施	具体指标		
		丰产林(全部达到)	低产林	
			部分达到	全部达到或部分达到
前期基础	选地与整地	气候适宜	与丰产林前期基础条件相同或部分相同	冬季受低温或西北风的影响、热量不足
		立地条件好		土层瘠薄、土质较差、坡度较大
		整地质量高		整地质量差、排水不良
		施肥(挖大穴深施基肥)		栽植穴很小、未施基肥
	良种苗木	适宜本地栽植的良种壮苗		品种不良,或为良种但不适于本地栽植,或苗木弱小
后期管护	栽植与管护	栽植技术较高	与丰产林管护措施相同或部分相同	栽植过深、窝根
		中耕除草及时		中耕除草不及时,杂草丛生;土壤板结
		套种科学合理		套种植物过近或过高、油茶被挤压
		施肥(追肥科学适度)		不施肥、或施肥方法不科学
		保持通风透光(适时整形修剪)		不修剪、枝叶稠密树形乱
		保持通风透光(合理密度)		密度过大、通风透光不良
		病虫控制良好		病虫发生严重

从表 5.1 可以看出:

(1) 丰产林的条件基本一致,都必须做到“三好”,即表所列“栽培措施”中的3个方面(选地与整地、良种苗木、栽植与管护)、10项具体指标(表中12项,其中“施肥”“保持通风透光”2项重复出现)都应达到,若有1项未达到,就难以实现丰产目标。

(2) 低产林的情况比较复杂,在前期基础条件方面,也许同丰产林一样好,也许明显差于丰产林;在后期管护方面,可能部分管理良好,也可能部分管理不到位。然而,可以肯定:在前期基础条件和后期管护方面,只要有任意1项关键指标未达到,就会形成低产林(可任意抽取1项关键指标进行验证);未达到的关键指标数越多,产量就会越低。

(3) 油茶林能否丰产稳产,前期基础是根本,后期管理是保证。前期基础条件好的油茶林,若管理工作跟不上,同样会成为低产林;而基础条件差的油茶林,即使管理精细,也很难获得预期效益。

二、预防措施

预防低产林应注意以下几点:

(一) 基地建设要慎重

油茶是经济林,一切经营活动都要以经济效益为核心。不同立地条件的基地有不同的产出比,如地势平缓、土层深厚、水热条件好、交通较便捷的地区,土地租金可能高一些,但生产管理成本可能低一些、产量可能高一些;而在山区坡度较大、土层较瘠薄、水热条件较差、交通较闭塞的地区,租金也许低一些,但生产管理费用无疑要增加、产量定会降低。此外,还要考虑到人力资源和劳动成本。如果盲目建立基地,可能会造成投入资金大、投入效果差,最后导致资金不足或失去投资动力,基地管理无法持续维持,成为低产林。因此,油茶基地建设一定要慎重,尽可能选择能高产稳产、便于经营管理、效益有保证的地段。

(二) 发展规模要适度

油茶林的发展规模、发展速度一定要适度。① 油茶种植是劳动密集型产业，栽植后需要及时进行除草、水肥管理、树形培育、病虫防治等，目前基本上都是人工操作，对人力的需求量较大、费用较高。② 油茶是大灌木树种，初期生长缓慢，稍稍放松管护（如除草）就可能被杂草杂灌挤压，导致油茶林荒芜或阶段性荒芜；③ 鉴于前两项，油茶林前期耗时较长、投入资金较大。④ 鲜果采收与处理等也费工费时，需要大量人力。因此，油茶林发展速度不能过快、面积不宜过大，要量力而行，做到造一块、成一块，以达到预期目标。

（三）“良种+良法”要做到

本书第三章提出，营造油茶丰产林要做到“三好”：① 油茶生长环境好（选地与整地，外因好）；② 种苗质量好（良种与配置，内因好）；③ 栽培技术好（栽植与管护，利用和控制好内、外因）。表5.1提出了早实丰产林栽培管理的10项关键技术：① 气候适宜；② 立地条件好；③ 整地质量高；④ 良种壮苗；⑤ 栽植技术高；⑥ 中耕除草及时；⑦ 套种科学合理（也有很多不套种的纯林）；⑧ 施肥适时适量（栽前挖大穴深施肥，栽后追肥）；⑨ 保持林分通风透光（合理密度，整形修剪）；⑩ 病虫害控制良好。无论是“三好”，还是10项关键技术，只要按质按量做到，油茶丰产稳产的目标不难实现，低产林现象可以避免。

（四）新低产林处理要及时

① 立地条件太差的油茶林基地，如坡度太大、气候不适、品种不良、人力又难以改造、不可能获得经济效益的，要适时或适度放弃。否则，投入越多损失越大。② 立地条件较好的油茶林基地，要做好管护工作，尤其是将套种的高秆植物及时移除、除草清杂、合理密度（或郁闭度），保持油茶植株通风透光最为关键。

第六章　油茶病虫害防控

据统计，我国危害油茶的病原物有 70 余种，害虫有 130 余种。其中常见且危害较重的病害有 10 余种，虫害有 20 余种，但在管理精细的情况下，能造成危害的病虫极少见。本章对油茶病害的危害、症状、病原、发病规律与防治措施以及害虫的学名、危害状、生活习性与防治措施等进行了介绍，对病虫害的预防措施也进行了简要探讨。

第一节　油茶病害防治

一、叶、果病害

1. 油茶炭疽病

【危害】炭疽病一直是老油茶林的主要病害，染病后会引起落果、落蕾、落叶、枝梢枯死，各地油茶林常因病减产 10%～30%，重病区减产 50%以上，但近年来新栽植的油茶林因推广抗病的新品种，该病危害显著减轻。

【症状】危害果、叶、枝梢、花芽、叶芽等当年生的幼嫩部位。果实：病斑黑褐色，圆形，大多脱落或开裂；叶片：病斑多在叶缘或叶尖，半圆形或不规则形，黑褐色，有轮纹，具紫红色边缘，后期病斑中心灰白色；嫩梢：病斑多发生在新梢基部或中部，椭圆形或梭形，略下陷，黑褐色，若环绕一周即枯死。后期病斑上轮生小黑点，为病菌的分生孢子盘，雨后产生黏性粉红色的孢子堆（图 6.1）。

【病原】半知菌亚门胶孢炭疽菌（*Colletotrichum gloeospo-*

rioides Penz.)。

【发病规律】果实炭疽病一般出现于5月初,8～9月为盛期,10月停止。品种为是否发病的关键:有些100%感病,有些100%抗病,有些介于两者之间。有些油茶每年发病,早且重,称为历史病株。雨水是发病轻重的关键:春雨早,发病早;春雨多,发病重。

图6.1 油茶炭疽病

【防治措施】

该病因发生期长,侵染来源广,受害部位多,需采取综合措施。

(1) 选用抗病品种:新造林选用抗病品种;现有林要查清重病株,坚决伐除,再补植抗病品种。

(2) 清除病源:冬季清除病枝、病梢、病果等,减少侵染源;在果病初期,及时摘除病果,减少再侵染。

(3) 化学防治:可选择丙环唑(敌力特)、50%多菌灵500倍、1%波尔多液等连喷3～4次。防治关键在秋季花期和春季5月前,于春梢生长后(4月上、中旬)开始防治为好。

2. 油茶软腐病

【危害】该病引起油茶大量落叶、落果,甚至叶、果全部落光,不仅影响花芽分化和产量,对植株的生长也十分不利,尤其对苗木和幼树的危害较大。

【症状】 主要危害油茶叶、芽和果实。

（1）叶片：受害叶片初期在叶尖、叶缘或叶的中部出现圆形、半圆形水渍状病斑，阴湿天气病斑迅速扩大，叶肉腐烂，只剩表皮。后期病叶纷纷脱落。

（2）果实：6月开始发病，7～8月最严重，受害果实上出现土黄色或褐色圆斑。天气干旱时病果开始脱落。后期病斑上长出一些土黄色小颗粒(图6.2)。

图6.2 油茶软腐病

【病原】 半知菌伞座孢属(*Agaricodochium camelliae* Liu, Wei et Fan)。

【发病规律】 叶片在3月开始发病；4～5月阴雨天气蔓延较快，大量发生；6～8月出现高峰，引起落叶、落果，严重时叶、果全部脱落；10月以后，逐渐停止。此病在湿度大、生长衰弱、密度大而荫蔽的油茶林发病较重。在排水不良、杂草丛生的苗圃发病较多。

【防治措施】

（1）栽培措施：苗圃要选择排水良好的地方，并加强管理；及时整枝修剪或疏伐，使林内保持良好的通风透光条件；冬春季进行深挖垦复，清除病叶、病果，减少越冬病菌。

（2）病害发生前(5月前)，喷0.8%波尔多液，或50%多菌灵400倍液，或10%吡唑醚菌酯500倍液，连喷2～3次。

3. 油茶煤污病

【危害】 又称烟煤病。受害植株的叶片表面被黑色煤层覆盖,不能正常进行光合作用和生理活动,加上昆虫吸取植物汁液(双重危害),如防治不及时,会导致整株枯萎,甚至整片油茶园衰败。

【症状】 危害叶片和枝条,以叶片最为明显。在感病的叶片和枝条表面覆盖一层黑色烟煤状物(病原菌的营养体和繁殖体)。煤炱菌以同翅目昆虫(如蚧类、粉虱等)排出的蜜露为营养来源,因此在煤污病发生时,病枝叶上可常见这类昆虫(图6.3)。

图6.3 油茶煤污病

【病原】 子囊菌亚门煤炱属(*Capnodium*)和小煤炱属(*Meliola*),前者更为常见。

【发病规律】 病菌在树体上越冬,病菌孢子或菌丝借昆虫和气流传播。据报道,诱发油茶煤污病的昆虫主要是刺绵蚧(*Metaceronema japonzca* Mask)、油茶黑胶粉虱(*Aleurotrachelus camelliae* Kuwana)以及蚜虫等刺吸式昆虫。煤炱菌喜凉爽、高湿的环境,因此,阴坡、山坞、密林比阳坡、山脊、疏林发病重。长期荒芜的林地草灌丛生、通风透光不良、湿度大,有利于蚧虫和病害的发生蔓延。在1年中,3～5月和9～11月是发病高峰期,与刺绵蚧排蜜高峰期(3～4月和9～10月)相一致。

【防治措施】

(1) 栽培措施:清除杂草灌木,修剪过密枝和病虫枝,使林内通风透光,促使林木生长健壮,提高油茶抗病能力和形成不利于病虫害发生的环境条件。

(2) 化学防治:煤污病的防治关键是治虫,应选择在蚧虫孵化盛期至2龄前进行喷药。常用的农药有10%吡虫啉1500倍液,或50%三硫磷1500～2000倍液,或波美1～2度石硫合剂等。施药时应注意保护天敌,三硫磷对蚧虫天敌黑缘红瓢虫的毒性较小,可选用。

(3) 生物防治:黑缘红瓢虫(*Chilocorustristis* Fald.)是蚧虫的主要天敌,4月份在蚧虫虫口指数低于50%的林分中,每株释放1～2头瓢虫就可达到控制蚧虫和煤污病的目的。

4. 油茶饼病

【危害】又称油茶叶肿病、茶苞病、茶桃等。该病近几年在安徽部分油茶林发病十分严重,由于该病可导致新梢枯死,对油茶的生长和产量影响较大。

【症状】危害嫩叶、嫩梢、花及子房,导致过度生长。芽、叶肥肿变形;嫩梢受害呈肥肿状;子房受害后肿大如桃,直径5厘米,称为茶桃或油茶苞。病部有一层白色的粉状物,即病菌的担子和担孢子(图6.4)。

【病原】担子菌亚门外担子菌目细丽外担子菌(*Exobasidium gracile*(Shirai)Syd.)。

【发病规律】病菌以菌丝体在寄主受病组织内越冬或越夏。病菌孢子以气流传播,潜育期为1～2周。病害一般只在早春发病一次,但在较阴凉的大山区又遇低温的年份,发病期可延迟到4月底。

叶龄影响病菌的侵入和发病,叶片淡绿色阶段易受侵染并发病;叶片绿色阶段能产生次要发病形态(3月下旬出现,病斑呈局部性);叶片深绿色阶段发病受抑制。在山洼或阴坡、通风不良、阳光不足的茂密林分中发病较重;阴雨连绵的天气有利于发病;春季萌动较迟的品种抗病(时间避病)。

【防治措施】

(1) 营林措施:降低林分密度,增加通风透光条件,减轻病害；在担孢子成熟飞散前，摘除病原物并加以烧毁或土埋，减少病害再次侵染来源。

（2）化学防治：在发病期间喷洒1∶1∶100波尔多液或500倍敌克松液等。

图6.4　油茶饼病

5. 油茶疮痂病

【危害】在各地油茶林均有不同程度的发生，对幼树造成一定的危害，但成灾的不多。

【症状】该病主要危害油茶叶片，偶尔也在果实上发生。叶片正面病斑初为油浸状褐色小斑点，随后下陷；叶片背面病斑呈疣状突起、粗糙、疮痂状。病斑多呈圆形,直径 1~5 毫米,后期病斑中央为灰黑色,常因病部干裂脱落而出现孔洞。病斑多时,往往连接在一起,致叶片畸形。果实上的病斑通常在果面上产生黄褐色、粗糙、疮痂状病斑(图 6.5)。

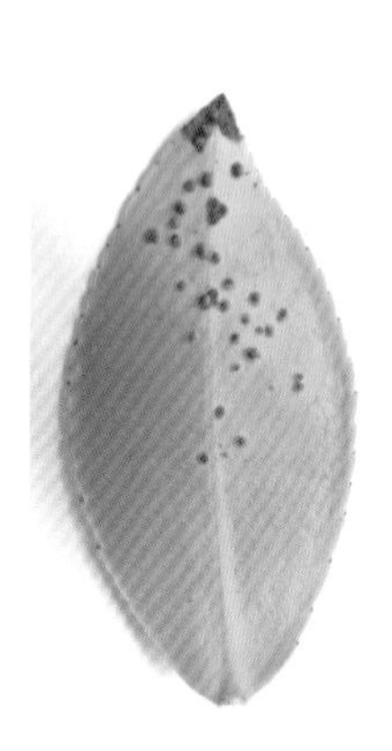

图 6.5 油茶疮痂病

【病原】半知菌亚门盘单孢菌(*Monochaetia* sp.)等。

【发病规律】病菌在病叶内越冬。春天分生孢子借风、雨传播。一般 5~6 月开始发病,7~8 月发病较重。阴湿环境有利于病害发生,树冠下部及萌发条上的叶片发病较重。

【防治措施】

(1) 营林措施:目前危害较轻,不需要专门防治,发病时可及时将病叶、病果摘除销毁。

(2) 化学防治:在防治炭疽病、软腐病时兼治此病。

6. 油茶赤叶斑病

【危害】该病可造成叶尖、叶缘干枯,严重时引起大量落叶,影响生长。

【症状】病害多发生在成叶上,常由叶尖或边缘开始发生,逐渐向内叶蔓延。发病初期病斑呈淡褐色,以后变成赤褐色,病斑内的颜色比较一致。病斑边缘常有稍隆起、颜色较深的褐色纹线,病部与健部分界明显。后期病斑产生许多黑色稍微突起的小粒点(图 6.6)。

图 6.6 油茶赤叶斑病

【病原】半知菌亚门茶生叶点真菌(*Phyllosticta theicola* Petch.)。

【发病规律】病菌以菌丝体或分生孢子器在病叶内越冬。分生孢子借雨水传播。一般 5 月开始发生,6～8 月为发病盛期,8 月上中旬病叶开始脱落。高温干旱有利于发病。

【防治措施】

(1) 营林措施:加强抚育管理,注意防旱,改良土壤,增强植株根系的吸水能力;适当间种其他作物,降低地面辐射,增加油茶园内湿度,可显著减轻病情。

(2) 化学防治:发病初期喷洒 1%波尔多液,或代森锌 600～800 倍液,或灭菌丹 400 倍液。

7. 油茶叶斑病

【危害】该病引起叶片早落,严重时在新叶萌发期间、甚至尚未萌发前的早春,老叶落光,严重影响树势。

【症状】主要危害叶片,与其他叶斑病相比,该病的病斑较小。病斑边缘赤褐色,中间灰白色,后期产生小黑点,为病菌的分生孢子器(图 6.7)。

【病原】半知菌亚门叶点霉属真菌(*Phyllosticta* sp.)。

【发病规律】该病发生与品种关系非常密切。同一油茶园,小型叶片的油茶品种受害重,而临近的植株完全不发病;杂草丛生、管理粗放的油茶林发病重;湿度大的环境发病重。

图 6.7　油茶叶斑病

【防治措施】

(1) 营林措施:选择抗病品种或品系;加强栽培管理,提高树木生长势。

(2) 化学防治:参见油茶赤叶斑病。

8. 油茶藻斑病

【危害】藻斑病是一种常见的病害,发病后引起叶片褪色和早落,造成树势衰弱。

【症状】主要发生于叶片表面,偶尔也见于叶背。病斑稍隆起,并有略呈放射状的细纹(茸毛状),后期病斑中央呈灰褐色或黄褐色,但边缘的新病斑仍保持绿色(图 6.8)。

图 6.8　油茶藻斑病

【病原】寄生性红锈藻(*Cephaleuros virescens* Kunze)。

【发病规律】锈藻以营养体在寄主组织中越冬。每年4月开始发枝,5～6月,在潮湿的条件下产生游动孢子,经风雨传播,落到健康叶片和嫩枝上开始新的侵染活动。7～9月为发病盛期。该病主要发生于阴湿的林分环境中,在降雨频繁的季节蔓延快。

【防治措施】

(1) 营林措施:加强林分管理,合理施肥,适当修剪,避免过度隐蔽,增强通风透光,降低林分湿度,创造不利于发病的环境条件。

(2) 化学防治:在重病林分,每年4月下旬至5月定期喷洒1∶0.5∶120波尔多液。

二、枝干病害

1. 油茶白朽病

【危害】又称半边疯、白腐病,是油茶老林内常见的病害。植株因主干受害,生长衰退,严重时病株半边甚至整株枯死。

【症状】主要危害老树的主干,并常延及枝条,发病多从背光的阴面开始。病部局部凹陷,发病的皮层为石膏状白粉层平铺表面,即病菌子实体。病斑纵向发展快于横向发展,因而树木呈半边枯死(图6.9)。

图6.9 油茶白朽病

【病原】担子菌亚门碎纹伏革菌(*Corticium scutellare* Bertk & Curt.)。

【发病规律】一般树龄超过

20 年开始发病，以后随树龄增加而病情加重，80 年以上的植株发病率可达 50%以上。阴坡、山坳、密林、土壤瘠薄、管理差的油茶林发病较重。

【防治措施】

(1) 营林措施：做好抚育管理，及时垦复、施肥，以促进生长。冬季至早春，清除病株、病枝，以减少侵染源。对于发病严重、已失去经济价值的林分，应重新造林。

(2) 化学防治：对较轻的病枝、病干，刮除后涂抹 1∶3∶15 波尔多浆。

2. 油茶膏药病

【危害】受害植株的树皮被致密的菌膜所覆盖，加上传播媒介（蚧虫）的吸汁损害，病株轻者枝干生长不良，重者枝干枯死。

【症状】危害枝干，其显著特征是在枝干上形成致密的菌膜，形似膏药。危害油茶的为灰色膏药病。枝干上的菌膜圆形或椭圆形，初灰白色，后灰褐色或暗褐色（图 6.10）。

图 6.10 油茶膏药病

【病原】担子菌亚门茂物隔担耳（*Septobasidium sogoriense* Pat.）。

【发病规律】病菌以菌膜在受害枝干上越冬,次年5月间产生担孢子,担孢子借风雨和介壳虫等传播,后萌发成菌丝,插入皮层或自枝干裂缝及皮孔侵入内部吸取养分。膏药病菌常与蚧虫共生(油茶膏药病的共生体尚不清楚),一般病菌以蚧虫的分泌物为养料,有的菌丝还能侵入蚧虫体内,蚧虫则借菌膜的覆盖而受到保护。

【防治措施】

(1) 营林措施:密度要适宜,及时整枝修剪,去除病枝,保持林内通风透光。

(2) 化学防治:在病部直接涂抹凡士林(用硬毛刷涂抹,面积超过病斑边缘),既可防治病害,又可对树皮起到保湿作用,效果很好。该菌膜较薄,也可涂或喷波美1～3度的石硫合剂等进行控制。

3. 油茶菟丝子害

【危害】菟丝子在油茶树体上不仅吸取水分和养料,而且影响树木的正常生长发育,严重时整株油茶可被缠绕致死。

【症状】油茶被带有紫斑的黄白色丝状物缠绕,受害后,枝叶紊乱、不舒展,被缠绕的枝条常出现缢痕,生长衰弱,进而全株枯死(图6.11)。

【病原】日本菟丝子(*Cuscuta japonica* Choisy),属于全寄生藤本植物。

【发病规律】种子成熟后落入土壤中,经休眠越冬,次年夏初才开始萌发。萌发后,菟丝子的茎部在遇到物体时,因接触刺激而缠绕于该物体上。茎部紧缠于寄主嫩茎,伸出吸器,插入皮层,与寄主的韧皮部相连,吸取水分和养料,并不断扩展,以致布满树冠。

【防治措施】

(1) 营林措施:春末夏初,发现菟丝子时及时连同寄主受害部分一起彻底剪除烧毁;苗圃播种前深翻土壤,将菟丝子种子深埋，使之失去萌发出土的能力。

图 6.11　油茶菟丝子害

（2）化学防治：施用敌草腈（0.25 千克/亩），或 2%～3%五氧代酚钠盐或二硝基酚氨盐。

4. 油茶樟寄生害

【危害】 油茶被长时间寄生后，长势差，落叶早，不结果或结果少，甚至枝枯或株枯。

【症状】 油茶的主干或侧枝基部和中部寄生的一种常绿小灌木，这种小灌木称半寄生种子植物，有正常的绿色叶片，能进行光合作用，但没有正常的根，而是转变成吸根，吸根与寄主木质部相连接，吸取寄主的水分和无机盐类，供自己光合作用（图 6.12）。

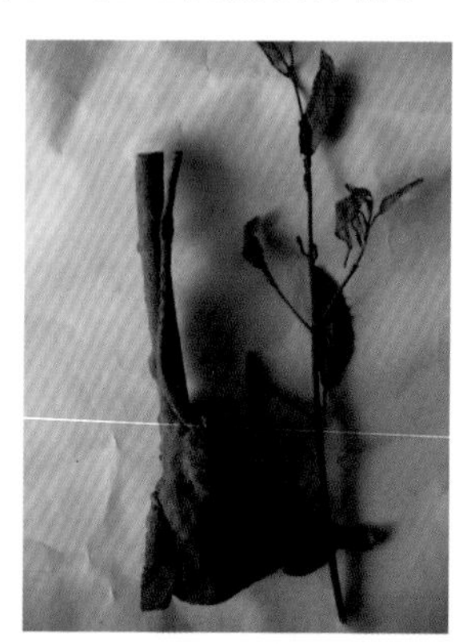

图 6.12　油茶樟寄生害

【病原】 樟寄生（*Loranthus yadoriki* S. Z.）。为寄生小灌木，高可达 1 米以上，小枝粗壮，直立或下垂，嫩枝在15厘米长以内被生棕色星状短毛，皮孔密而清晰，根出条特别发达，有时在寄生树干上下延伸达2米以上，枝叶非常茂盛。

【发病规律】种子主要依靠鸟类进行传播。从种子萌发至胚根深入树皮，一般需2周以上。据调查，阴坡的樟寄生害比阳坡严重，粗放经营是樟寄生成灾的主要原因。

【防治措施】

坚持每年彻底砍除樟寄生植物是当前唯一有效的防治措施。砍除樟寄生应在果实成熟之前，除已长成的寄生植物外，还必须除净根出条和组织内部吸根延伸所及的部分 。

5. 油茶地衣和苔藓害

【危害】地衣和苔藓广泛分布于阴湿的油茶老林中。由于枝干被地衣和苔藓大量附生，油茶生长受影响；同时苔藓和地衣的覆盖也有助于害虫的潜伏越冬。

【症状与病源】

(1) 地衣(*Parmelia* sp.)：是真菌与藻类共同生活的复合原植体植物。地衣能通过将自身分裂成碎片进行繁殖，经风雨传播，以叶状体紧贴于树皮上，不易剥落。

(2) 苔藓：也是油茶枝干的附生植物。覆盖在枝干上，呈黄绿色，形似青苔的植物是苔，呈毛发般的丝状物为藓(图6.13)。

【发病规律】苔藓和地衣在气温10℃左右开始发生，在温暖而潮湿的3～5月蔓延最快，7～8月干旱炎热时发展缓慢，至冬季则停止发展。老龄油茶植株树皮粗糙，有利于地衣和苔藓附着生长。在经营管理粗放、杂草丛生、枝条杂乱的油茶林内，该病危害较重。

【防治措施】

(1) 营林措施：适时剪除徒长枝、枯老枝和病虫枝等，促进树木通风透光；用“C”字形侧口的竹刮子进行仔细刮除，随后喷药保护。

图 6.13　油茶地衣和苔藓害

(2) 化学防治:冬季在枝干上喷洒10%～15%石灰水,或6%的烧碱水,或1%的等量式波尔多液,以兼治其他病害。

6. 油茶冠瘿病

【危害】 又称根癌病,该病在油茶根颈部和枝干上产生大量病瘤,阻碍水分与养分输送,致枝叶生长缓慢,植株生长衰退,严重影响油茶的产量。冠瘿病一般归为根部病害,但在油茶上以枝干损害更为明显,所以归为枝干病害。

【症状】 发生在根颈部,但枝干上发生也很多。其特征是病部出现大小不等、形状为球形或近球形、颜色深浅不一的肿瘤,并常伴有地衣、苔藓和藻类等附生物(图6.14)。

【病原】 根癌土壤杆菌[*Agrobacterium tumefaciens* (Smith et Towns.) Conn]。

【发病规律】 在病瘤内或土壤的寄主残体中,根癌细菌可存活1年以上。若在两年内,病菌得不到侵染机会,便会失去致病力。病菌通过灌溉水或雨水传播，也可借助耕作农具、嫁接以及地下害虫等进行传播；远距离传播主要依靠带病苗木的运输来实现。在土壤湿度大、偏碱性时发生较多；在酸性和黏重的土壤中发病较少。

图 6.14 油茶冠瘿病

【防治措施】

(1) 土壤消毒：病圃土壤施用硫黄粉、硫酸亚铁、漂白粉，每亩 5～15 千克。

(2) 苗木处理：在苗圃中，发现感病苗木应拔除烧毁；移栽前，对苗木进行检查，特别是病圃的苗木，可用 1%硫酸铜液浸根 5 分钟，并用清水冲洗后再栽植。

(3) 病株处理：造林后，轻病株可挖开根基土壤，暴露晒根，切除病瘤并敷以抗根癌菌剂，随后用潮土覆盖。

三、根部病害

1. 油茶白绢病

【危害】又称菌核性根腐病，其中以苗木受害最为严重。苗木受害后，水分和养分输送受阻，以致生长不良，叶片逐渐变黄凋萎，多数全株直立枯死。

【症状】病害多发生于接近地表的苗木茎基部，在其表面产生白色绢丝状菌丝体。后期在病部及附近的浅土中，出现油菜籽状小菌核，初呈白色，后变淡红色、黄褐色，终至茶褐色。病苗易拔起(图 6.15)。

【病原】半知菌亚门齐整小核菌(*Sclerotium rolfsii* Sacc.)。

图 6.15　油茶白绢病

【发病规律】病菌主要以菌核在土壤中越冬，也可在病株残体或杂草上越冬。病菌菌丝能沿土表向邻株蔓延，形成小块病区。夏季降雨时，病菌菌核易随水流传播。此外，调运病苗、移动带菌泥土以及使用染菌工具也都能传播病菌。一般在 6 月上旬开始发病，7～8 月为病害盛发期，9 月末基本停止。随后在病部菌丝层上形成菌核，进入休眠阶段。菌核在土壤中能存活 5～6年。土壤湿度较大、黏重板结的圃地发病率较高；有机质丰富、含氮量高的圃地发病较轻。

【防治措施】

防治白绢病必须采取“预防为主，综合防治”的措施。

(1) 栽培措施：整地时深翻土壤，将病株残体及其表面的菌核埋入土中，可使病菌死亡；在炎热的季节，用薄膜覆盖于湿润的土壤上，可促使土温升高杀死菌核；与玉米、小麦等不易受侵害的禾本科作物进行 4 年以上的轮作；筑高床、疏沟排水，及时松土、除草、增施有机肥料，以促进苗木生长，增强抗病能力。

(2) 土壤消毒：播种前每亩用 50%多菌灵粉或 80%敌菌丹粉 1 千克加细土 15 千克，撒在播种沟内或结合整地翻入土壤进行消毒；也可用多菌灵及福美双混合药粉。

(3) 病株处理：发病初期，用 1%硫酸铜液浇灌苗根，或用

10mg/L 萎锈灵或 25mg/L 氧化萎锈灵抑制病菌生长。在菌核形成前，拔除病株，并仔细掘取其周围的病土，添换新土。在发病的苗圃地，每亩施生石灰粉 50 千克，可减轻下一年的病情。

2. 油茶根腐病

【危害】在一些平缓地甚至平地栽植油茶时，如果土壤黏重，加之有的栽植过深，油茶幼林根腐病会时有发生，给油茶生产带来巨大的损失。

【症状】发生在根部，但症状首先出现在树冠。受害油茶植株叶片发黄、变小，或在发叶不久即开始落叶（叶片仍呈绿色），生长不良，夏季易干旱枯死，根部皮层发黑、细根腐烂，有酒糟味，植株因不能正常吸收养分和水分而干枯死亡（图 6.16）。

图 6.16 油茶根腐病

【病原】有生理性和侵染性两大类。生理性烂根原因主要由土壤黏重、积水或渍水、施肥不当等因素造成；侵染性病原为镰刀属李瑟组层生镰刀菌（*Fusarium proliferatum*，*Fusarium* sp.）等。油茶根腐多数以生理性病原为主导因素，侵染性病原只是后期进入而已，是伴随因素。

【发病规律】（1）主要发生在土壤黏重、地势低洼或平缓、排水不良的地块(山岗上平缓地块也同样会积水)。

(2)大穴栽植时如果疏松的填土未充分下沉,栽植后苗木因浮土下沉而深埋,导致根系呼吸受阻和积水烂根。

(3)施肥不当(如有机肥未腐熟,化肥过量、集中、距离根系过近等)也时常导致烧根和根系腐烂。

【防治措施】

（1）选地:选择土壤透气性好、有一定坡度(5 度以上)、排水顺畅的林地造林。

（2）整地:若在平缓、土质黏重的地段栽植油茶,一定要深翻改土、深沟排水,床面应中间高、两边低、有一定坡度(3～5 度)、雨季床面不存水。

（3）栽植:造林时,土壤黏重的地段上不宜深栽,宜采取浅栽高培土的方法。

（4）病株处理:根腐病发生比较隐蔽,一旦出现症状就很难挽救,对重病株只有采取清除措施。对轻病株可采取松土、排水、施肥、消毒(根茎周围以熟石灰拌土,或 50%多菌灵 200 倍液等药液浇灌根颈处)等补救措施。

四、整株病害

1. 油茶黄化

【危害】黄化的叶片不能正常进行光合作用,病株生长衰退,树冠萎缩,甚至枯萎死亡。

【症状】叶片退绿变黄,严重时呈黄白色,后期叶尖或叶缘焦枯。黄化对新梢、嫩叶危害较重,有些病株的基部叶片仍呈绿色(图 6.17)。

【病原】可由多种原因引起,主要为非生物性因素,黄化原因大体有:

（1）低温冻害。在海拔较高、纬度较高的地区,油茶幼苗、幼树有时存在低温冻害的问题。

图6.17 油茶黄化

(2) 植株生长发育不良。土壤黏重板结、渍水、土层瘠薄，植株生长发育不良；或施肥过多过迟，生长过快，秋梢木质化程度低等，冬季油茶叶片易受冻而黄化。

(3) 根(颈)部受害。根系因积水或深埋而腐烂，或根系因蛴螬、天牛、日灼等因素导致损伤，使根系受损或运输受阻，从而使叶片黄化。

(4) 除草剂毒害。除草剂施用不当，如在有风天气、温度较高、抽梢发叶期施药。

(5) 土壤偏碱。这类情况存在，但目前少见。

【发病规律】 幼苗期受害重；高海拔地区、风口处受害重；土壤积水、土质黏重、瘠薄地段发生重；除草剂使用不当易发生。

【防治措施】

黄化发生的原因多种多样，防治前一定要准确判断原因，对症治疗。具体措施如下：

(1) 对于因低温冻害引起的黄化，应选择合适的地段栽植油茶；在风口处营造防风林。

(2) 对于生长发育不良引起的黄化，除适地适树外，应加强管护，如及时松土、培土和清沟排水，科学合理施肥，促进健康生长。

(3) 对于根(颈)部受害引起的黄化，应检查根部受害原因，及时、有针对性地给予处置。

(4) 对于除草剂引起的黄化,应慎用或不用除草剂,在必须施用时一定要注意安全,尤其在抽梢展叶期应避免施用。

2. 油茶冻害

【危害】安徽是油茶分布的北缘地区,六安市、合肥市、滁州市、马鞍山市等地区更是油茶分布的北缘地带,部分年份存在冻害问题,导致产量显著下降甚至绝收。

【症状】枝条冻害:受冻的枝条皮层下陷或开裂,内部组织变褐坏死,严重时皮层和形成层全部冻死,枝条枯萎。叶、芽、幼果冻害:叶片受害后,轻微的叶片呈黄色,严重的先呈紫红色,后褪色为淡紫红至灰褐色;芽受冻后干缩枯死易脱落;幼果受冻后发育迟缓、畸形,重者坏死脱落(图 6.18)。

图 6.18 油茶冻害(各类症状)

【发病规律】花期早(寒露籽)比花期迟(霜降籽)耐寒;树龄越小越易受害;树势越弱越易受害;枝条发育不良的受害重;主枝与树干的夹角越小越易受害;西坡、北坡比东坡、南坡受害重;封闭的山窝或山洼易受害。

【防治措施】

1. 预防措施

(1) 叶面喷防护液:喷施抑蒸保温剂高脂膜是防止植物冻害的有效防御措施之一,可在冻害来临前 15 天内喷洒(150～200 倍液);或者喷洒 1%波尔多液,波尔多液喷洒在植物表面后可形成一层薄膜,既可防病,也有一定的防冻作用。

(2) 熏烟防冻:在将要发生霜冻的夜晚或清晨,利用潮湿的杂草、树叶、锯末、谷壳等,在油茶园的上风位置,将其点燃后形成烟雾。一般每亩放 3～5 个烟堆即可,待温度回升到 0℃以上并稳定上升时停止。风速较大时可应用专用烟雾剂(硝铵 35%、锯末 50%、柴油 5%、沥青 10%等配成)进行大面积造雾。易受冻害的油茶基地应关注天气预报,及时熏烟防冻。

2. 受害株处理

(1) 适度修剪。对已确认枯死、濒死或损伤严重的枝梢,应及时剪去。

(2) 松土施肥。春季解冻后应立即在树冠下松土施肥,改善土壤透气性,促进根系生长。施肥要以水带肥,以速效氮肥为主,薄肥勤施,切忌施肥过浓。

(3) 叶面喷肥。在抽梢展叶期,可用 0.3%磷酸二氢钾液或 0.3%～0.5%的尿素溶液进行叶面喷施,每半个月 1 次,连喷 2～3次。

3. 油茶日灼

【危害】油茶在生长条件较差、连续高温环境下会发生日灼,如 2013 年、2017 年夏季持续高温干旱,造成一些油茶叶片局部或整片枯焦,严重影响树木当年和次年的生长发育,甚至诱发枝枯病。

【症状】主要危害叶片和嫩梢，病斑上无病原菌，不传播。位于中上部的叶片易受害，轻微的仅伤及叶尖、叶缘，严重的导致整张叶片变褐、卷曲、坏死，呈枯焦状(图 6.19)。

【病原】日灼病是一种生理性病害，由夏季高温干旱及太阳过度照射引起。其他因素如化学药剂等也可引起植物叶片的灼伤，本书主要关注高温强光导致的灼伤。

图 6.19　油茶日灼

【发病规律】油茶所处的立地条件较差，如土壤板结、瘠薄、土壤保水性差或积水烂根，植株生长发育不良，高温干旱天气下植株地上部分因水分得不到及时供给而出现焦枯。

【防治措施】

(1) 喷雾：高温季节，晴天的早上对易遭受日灼危害的苗木或树木进行喷雾保湿(叶片喷洒 0.1%硫酸铜溶液可提高叶片的抗性，可在喷雾时实施)。

(2) 改善立地条件：改良土壤，促进根系生长发育，可避免或减轻植株灼伤。

4. 油茶药害

【危害】受害后轻则影响植株生长，重则导致新梢枯死甚至整株枯萎死亡。

【症状】叶片受害后大多局部形成药斑、叶缘焦枯、黄化或白化等，严重时会导致全叶枯死(图 6.20)。

【病原】各类农药尤其是除草剂使用不当。

图 6.20　除草剂造成的药害

【发病规律】植物萌芽期、小苗期、抽梢展叶期对药物较敏感，易受害；高温、高湿、强光、大风等不良气候条件下施药，植物易受害。

【防治措施】

(1) 慎用农药：除草、病虫防治尽量应用营林措施、生物措施等，少用化学药剂。

(2) 正确用药：选用毒性低、分解快、污染小、药害轻、对环境安全的农药，如矿物质农药、植物性农药等；多用水溶剂、少用粉剂，树冠喷施最好选用油乳剂；配制农药时要按照说明书准确计算称量；植物萌芽、抽梢展叶期不施药或适当降低药液浓度；高温、高湿、强光、大风等气候条件下避免施药。

(3) 药害救治：① 药害早期迅速用清水快速喷洗受害叶片。② 喷施美洲星、生石灰水、多硫化钙等解毒剂或吸附剂，中和缓解、减轻药害。③ 及时摘除受害枝梢等组织，防止药剂在植株内扩散。④ 喷施尿素、磷酸二氢钾等化肥，或追施人粪尿、饼肥等有机肥，提高植物再生补偿能力。

第二节　油茶虫害防治

一、叶部害虫

1. 茶黄毒蛾

【学名】*Euproctis pseudoconspersa* Strand，属鳞翅目毒蛾科，又名茶毛虫等。

【危害状】1～3 龄幼虫常数十至数百头群集在嫩梢的叶背取食叶肉，致使被害叶片仅剩透明的薄膜状上表皮；3 龄后分散，造成叶片缺刻，严重时造成秃枝。幼虫体上的毒毛接触人体皮肤可引起红肿痛痒(图 6.21)。

(a) 分散　　(b) 聚集

图 6.21　茶黄毒蛾

【生活习性】在安徽 1 年发生 2 代，均以卵块在树冠下部的老叶背面越冬。越冬卵 4 月上、中旬孵化，5 月下旬左右幼虫老熟、下树结茧化蛹，6 月上旬开始成虫羽化，6 月下旬至 7 月上旬成虫开始产卵，发生第一代；7 月中、下旬第一代幼虫孵化，8～9

月为幼虫为害盛期，至9月下旬左右老熟，潜入根际阴湿处表土内或落叶下结茧化蛹，10月上旬开始成虫羽化，交尾产卵，发生第二代，10月中旬即以卵越冬。

【防治措施】

（1）人工防治：摘除越冬卵块（11月至翌年3月间），及时剪除幼虫群集的枝叶。

（2）黑光灯诱杀：利用黑光灯诱杀成虫。此时若将未交尾的雌蛾放在小笼内，挂于黑光灯旁，诱杀效果更好。

（3）生物制剂：在幼虫3龄前，选阴天喷洒苏云金杆菌（Bt）16000IU/毫克可湿性粉剂200～300倍液、2.5%鱼藤酮乳油300～500倍液、0.36%苦参碱乳油1000倍液。

（4）化学防治：在幼虫3龄前，选2.5%功夫菊酯3000～4000倍液、90%美曲膦酯（晶体敌百虫）、25%亚胺硫磷等进行喷雾防治。药剂要轮流使用，避免产生抗药性。

2. 盗毒蛾

【学名】*Porthesia similis* (Fueszly)，属鳞翅目毒蛾科盗毒蛾属，别名纹白毒蛾、桑毒蛾、黄尾毒蛾等。

【危害状】食性杂，危害油茶等多种乔灌木，严重时能将树叶吃光（图6.22）。

图6.22　盗毒蛾

【生活习性】在上海1年3代，主要以3、4龄幼虫在枯叶、树杈、树干缝隙及落叶中结茧越冬。初孵幼虫群集在叶背面取食叶肉，叶面现成块透明斑，3、4龄后分散，致叶片形成缺刻，仅剩叶脉。幼虫为害高峰期在6月中旬、8月上中旬和9月上中旬，10

月上旬前后开始结茧越冬。成虫白天潜伏在中下部叶背，傍晚飞出活动、交尾、产卵，把卵产在叶背，形成长条形卵块。该虫毒毛被人体接触后，常引发皮炎，有的造成淋巴发炎。

【防治措施】

参照茶黄毒蛾。

3. 大豆毒蛾

【学名】 *Cifuna locuples* Walker，属于鳞翅目毒蛾科肾毒蛾属，别名肾毒蛾。

图 6.23　大豆毒蛾

【危害状】 幼虫取食油茶叶片，将叶片咬成缺刻和孔洞，严重时可将叶片吃光(图 6.23)。

【生活习性】 在长江流域 1 年发生 5 代，以幼虫在树木中下部叶片背面越冬，翌年 4 月越冬代成虫出现，随即在叶背面产卵。初孵幼虫群集叶背并取食叶肉，留下叶脉，后期分散，幼虫老熟后在叶背结茧化蛹，茧暗褐色。

【防治措施】

(1) 化学防治：用 90%晶体敌百虫或 80%敌敌畏乳油 1000 倍液喷雾。

(2) 生物防治：用杀螟杆菌制剂(每克含 100 亿孢子)稀释 700～800 倍液喷雾。

(3) 灯光诱杀成虫。

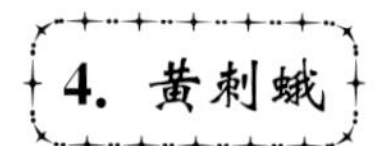

4. 黄刺蛾

【学名】 *Cnidocampa flavescens* (Walker)，属鳞翅目刺蛾科，俗称洋辣子、刺毛虫。

【危害状】幼虫危害寄主叶片，初孵幼虫群集取食叶肉，叶片呈网状，4龄后幼虫分散取食，叶片呈缺刻或仅剩叶柄和叶脉。虫害严重时能吃光树叶，影响树木生长及果实产量（图6.24）。

(a) 幼虫

(b) 成虫

(c) 茧

图6.24 黄刺蛾

【生活习性】1年2代，以老熟幼虫结茧越冬。5月中旬幼虫化蛹，下旬羽化。第一代幼虫6月上旬出现，7月下旬第一代成虫出现，第二代幼虫8月上旬发生，9月中下旬结茧越冬。成虫羽化后，昼伏夜出，具弱趋光性。卵散产于叶背。初孵幼虫先食卵壳，再食叶下表皮和叶肉，形成透明枯斑，4龄后取食叶片形成孔洞，5、6龄幼虫可将叶片吃光仅剩叶脉。幼虫老熟时先吐丝缠绕枝干，后吐丝分泌黏液结茧，茧为椭圆形，质坚硬，表面有白褐相间的条纹，形似雀蛋。该虫害多发生于林缘、疏林和幼树上，危害重。

【防治措施】

(1) 人工除茧：结合冬季修剪，除去枝上的越冬茧。

(2) 物理防治：在成虫发生期，用黑光灯诱杀成虫。一旦发现叶片呈筛网状时，应及时摘除带虫叶片，将初孵幼虫消灭在扩散之前。

(3) 化学防治：选择在低龄幼虫期防治。喷施1%苦参碱可溶性液剂800倍，或25%灭幼脲Ⅲ号3000倍液，或1.8%阿维菌素乳油1000～2000倍液，或5%吡虫啉乳油1500倍液。

5. 丽绿刺蛾

【学名】*Parasa lepida* (Cramer)属鳞翅目刺蛾科，又名青刺蛾、绿刺蛾、梨青刺蛾。

图 6.25　丽绿刺蛾幼虫

【危害状】幼虫危害树叶。1～4 龄幼虫食叶肉，使叶片显白斑或全变白，危害状极明显；2 龄虫危害最烈。茧棕色，较扁平，呈椭圆或纺锤形，上覆白色丝状物(图 6.25)。

【生活习性】1 年 2 代，以老熟幼虫在枝干上结茧越冬。翌年 5 月上旬化蛹，5 月中旬至 6 月上旬成虫羽化并产卵。第一代幼虫为害期为 6 月中旬至 7 月下旬，第二代为 8 月中旬至 9 月下旬，至 9、10 月陆续结茧越冬。成虫有趋光性，卵产在叶背，十多粒或数十粒排列成鱼鳞状，上覆一层浅黄色胶状物。低龄幼虫群集性强，3～4 龄开始分散。初孵幼虫仅取食叶肉及下表皮，留上表皮，形成灰白色枯斑，3 龄以后咬穿表皮，5 龄后取食全叶。

【防治措施】

参见黄刺蛾防治。

6. 桑褐刺蛾

【学名】*Setora postornata* (Hampson)，属鳞翅目刺蛾科。

【危害状】初龄幼虫取食叶片叶肉，叶片呈网状，稍大后蚕食叶片，致叶片出现大面积残缺和孔洞，严重时能将整个叶片吃光，仅剩下叶脉(图 6.26)。

【生活习性】1 年 2 代，以老熟幼虫在树根周围表土中结茧越冬。翌年 5 月上旬始见化蛹，5 月末至 6 月初开始羽化并产卵,6 月中旬为越冬代羽化盛期,7 月下旬老熟幼虫结茧化蛹,8 月上旬羽化,8 月中旬为第一代羽化盛期,8 月下旬出现幼虫。幼虫于 9 月末至 10 月老熟结茧越冬。成虫多在 17～21 时羽化,成虫具趋光性,白天静伏于树冠或杂草丛中。成虫交尾集中在 18～21 时,卵散产于叶背,卵期 5～7 天。

图 6.26　桑褐刺蛾

【防治措施】

(1) 营林措施:冬季结合松土,在树木附近 1 厘米左右深的土层中挖取越冬茧;刺蛾的低龄幼虫群集,目标明显,及时摘除可大量消灭早期幼虫。

(2) 灯光诱杀:在 6 月与 8 月成虫盛发期,用黑光灯诱杀成虫。

(3) 化学防治:喷施 20%除虫脲悬浮剂 7000 倍液或 50%辛硫磷乳油 4000 倍液。

7. 斜纹夜蛾

【学名】 *Prodenia litura* (Fabricius),属鳞翅目夜蛾科斜纹夜蛾属。

【危害状】 这是一类杂食性和暴食性害虫。以幼虫咬食叶片、果实,初龄幼虫啮食叶片下表皮及叶肉,仅留上表皮呈透明斑;4 龄以后进入暴食期,咬食叶片,仅留主脉(图 6.27)。

【生活习性】1 年 4～5 代,以蛹在土下 3～5 厘米处越冬。成虫白天潜伏在叶背或土缝等阴暗处,夜间出来活动。卵多产在叶背的叶脉分叉处,初孵的幼虫聚集叶背,4 龄以后和成虫一样,白天躲在叶下土表处或土缝里,傍晚爬到植株上取食叶片。为害盛发期在 7～9 月。成虫有强烈的趋光性和趋化性,对糖、醋、酒味很敏感。

(a) 危害状　　(b) 幼虫

图 6.27　斜纹夜蛾

【防治措施】

(1) 营林措施:松土除草,破坏化蛹场所;摘除卵块和群集的初孵幼虫。

(2) 物理防治:黑光灯诱杀成虫;糖醋诱杀成虫(糖∶醋∶酒∶水=3∶4∶1∶2,加少量敌百虫)。

(3) 化学防治:交替喷施 50%氰戊菊酯乳油 4000～6000 倍液,或 2.5%天王星乳油 4000～5000 倍液,7～10 天 1 次,连喷 2～3次。

8. 大袋蛾

【学名】*Clania vartegata* Snellen，属鳞翅目蓑蛾科。

【危害状】危害油茶等多种植物，其主要特征是幼虫栖息于袋囊中（图 6.28）。

图 6.28 大袋蛾

【生活习性】1 年发生 1 代。以老熟幼虫在袋囊中挂在树枝梢上越冬。雄虫 5 月中旬开始化蛹，雌虫 5 月下旬开始化蛹，雄成虫和雌成虫分别于 5 月下旬及 6 月上旬羽化，后开始交尾产卵。6 月中旬幼虫开始孵化，6 月下旬至 7 月上旬为孵化盛期，8 月上中旬危害剧烈，9 月上旬幼虫开始老熟越冬。雌虫终生栖息于袋囊中，雄成虫从雌虫袋囊下端孔口伸入交尾器进行交配。雌虫产卵于袋囊中。

【防治措施】

（1）化学防治：幼虫孵化后，喷洒 90％敌百虫 1000 倍液，或 80％敌敌畏乳油 800 倍液，或 25％杀虫双 500 倍液。

（2）人工防治：发现袋囊及时摘除，集中烧毁。

9. 茶袋蛾

【学名】*Clania minuscula* Butler，属鳞翅目蓑蛾科，又名小窠蓑蛾、茶蓑蛾。

【危害状】同大袋蛾，但袋囊呈橄榄形，黑褐色丝质，囊外附有较多平行排列的小枝梗(图 6.29)。

图 6.29 茶袋蛾

【生活习性】1 年 2 代，以 3～4 龄幼虫或老熟幼虫于 10 月下旬在护囊内越冬。翌年 4 月下旬开始活动、取食，6 月上旬开始化蛹，并开始羽化交尾、产卵，6 月下旬幼虫孵化，7 月上、中旬进入为害盛期。8 月上旬化蛹，同时开始羽化交尾产卵，9 月上中旬出现两次为害盛期，10 月下旬停止取食进入越冬。幼虫期及化蛹前期，多逐渐聚集在寄主树冠中上部。

【防治措施】

参照大袋蛾。

10. 白蜡绢野螟

【学名】*Diaphania nigropunctalis* (Bremer)，属于鳞翅目螟蛾科。

【危害状】幼虫取食嫩芽和叶片，常吐丝缀合叶片(油茶上多为 2 个叶片缀合在一起)，于其内取食，受害叶片局部坏死或整片枯焦(图 6.30)。

(a) 成虫

(b) 幼虫

(c) 危害状

图 6.30　白蜡绢野螟

【生活习性】在四川 1 年发生 2～3 代，成虫多在晚上羽化，白天栖息在树上隐蔽处，晚上活动并交尾产卵，交尾时间多在深夜。卵多产在寄主枝条的嫩梢部位和嫩叶的背面，幼虫孵化后即吐丝将几片叶片缀合在一起，便隐居其中并取食。此后，以幼虫在树皮裂缝处或隐蔽处越冬，第二年早春在树上开始活动，2～3月幼虫开始化蛹，4～5 月羽化为成虫(2018 年 5 月 15 日舒城县河棚镇受害叶有幼虫)，成虫具有强烈的趋光性。

【防治措施】

(1) 灯光诱杀成虫。

(2) 幼龄期喷洒 Bt 乳剂(100 亿孢子/毫升) 500 倍液，或 3%高渗苯氧威乳油 3000 倍液。

11. 碧蛾蜡蝉

【学名】*Geisha distinctissima* (Walker)，属同翅目蛾蜡蝉科。

【危害状】成虫和若虫刺吸寄主植物枝、茎、叶的汁液，严重时枝、茎和叶上布满白色蜡质，致使树势衰弱，造成落花，影响植株生长和产量(图 6.31)。

【生活习性】多数 1 年发生 1 代，以卵在枯枝中越冬。第二年 5 月上、中旬孵化，7～8 月若虫老熟，羽化为成虫，至 9 月受精雌成虫产卵于小枯枝表面和木质部。成虫无趋光性，飞翔力弱。成虫、若虫活泼善跳,喜阴湿,怕阳光,在叶背刺吸。

(a) 成虫

(b) 若虫

图 6.31 碧蛾蜡蝉

【防治措施】

(1) 人工防治:剪去枯枝并销毁,杀灭虫卵;枝梢出现白色绵状物时,直接剪除或通过竹竿触动使若虫落地并捕杀。

(2) 化学防治:若虫 1~3 龄期喷洒 10%吡虫啉可湿性粉剂 2000~3000 倍液,或 25%噻嗪酮可湿性粉剂 1000~2000 倍液,或 40%扑杀乳油 1000 倍液等。该虫背有蜡粉,药液中应混用含油量 0.3%~0.4%的柴油乳剂。

12. 柿广翅蜡蝉

【学名】*Ricania sublimbata* Jacobi,属同翅目广翅蜡蝉科。

图 6.32 柿广翅蜡蝉

【危害状】成虫、若虫密集在嫩梢与叶背吸汁,造成枯枝、落叶、落果、树势衰退。雌成虫产卵造成枝条损伤开裂,伤口处易折断或枝条上部分枯死,其排泄物还易导致煤污病(图 6.32)。

【生活习性】1 年发生 2 代,以卵在当年生枝条内越冬。翌年 4 月下旬越冬代卵陆续孵化,若虫盛发期在4月中旬至6月上旬，6月下旬开始老熟羽化，7月上旬为羽化盛期。7月中旬至8月中旬为产卵期，若虫盛发期在8～9月，成虫发生期在9～10月，第二代产卵期在9月上旬至10月下旬。若虫共5龄，每个龄期11～15天。若虫活泼，有群集性。成虫产卵于当年生枝条木质部内。

【防治措施】

参考碧蛾蜡蝉。

13. 缘纹广翅蜡蝉

【学名】*Ricania marginalis*（Walker），属半翅目广翅蜡蝉科。

【危害状】成虫、若虫危害嫩枝和芽，危害状与柿广翅蜡蝉类似(图6.33)。

图6.33 缘纹广翅蜡蝉

【生活习性】1年1代，卵成行排列，在枝条上越冬。若虫腹末蜡柱能作褶扇状开张，善跳，常群栖排列于嫩枝上，地面落有一层“甘露”。7月为成虫发生盛期，成虫善跳，静止时翅覆于体背呈屋脊状。

【防治措施】

(1) 人工捕杀成虫。

(2) 化学防治：冬初向寄主植物喷洒波美3～5度石硫合剂，杀灭越冬卵。若虫群集枝上为害期间，喷洒10%吡虫啉可湿性粉剂2000倍液或48%乐斯本乳油3500倍液。

14. 绿绵蚧

【学名】*Chloropulvinaria floccifera*（Westwood），属同翅目蜡蚧科。

【危害状】若虫、雌成虫在叶背上吸食汁液，并大量排泄“蜜露”，导致煤污菌滋生，影响植株光合作用，使树势衰弱，严重时整株死亡(图 6.34)。

图 6.34　绿绵蚧

【生活习性】1 年发生 1 代，以受精雌成虫在枝干上越冬，翌年 4 月中旬转移到叶片上，并开始产卵，5 月上旬为产卵盛期。5 月中、下旬若虫开始孵化爬出，6 月上旬为若虫孵化盛期，此时也是害虫蔓延扩散的主要时期。7 月底、8 月初体背披蜡，在叶片上定居，多不再转移。10 上旬雄虫开始化蛹，10 月下旬开始羽化成虫，交尾后以受精雌成虫越冬。此虫繁殖力强，发生量大，蔓延较快，在海拔 300～600 米山区或丘陵以及地势相对低洼、阴湿、郁闭度大、管理粗放的油茶林发生重。

【防治措施】

(1) 人工防治：结合冬季修枝，剪除病虫枝并集中烧毁，减少虫源基数。

(2) 化学防治：冬季落叶后至发芽前，用波美 3～5 度石硫合剂喷洒枝干，杀死越冬若虫，降低虫口密度。若虫孵化期喷洒花保 100 倍液，或阿维菌素、吡虫啉等药剂；若虫分泌絮状蜡质前，用 1%苦参碱乳油 0.033 %药液喷雾。喷药时加少量洗衣粉，增强药液附着力。

（3）生物防治：保护和利用瓢虫、小蜂等天敌昆虫。

15. 黑刺粉虱

【学名】*Aleurocanthus spiniferus*（Quaintanca），属同翅目粉虱科，又名桔刺粉虱。

【危害状】幼虫群集在叶片背面吸食汁液，严重时每个叶片上有虫数百头，其排泄物能诱发煤污病，使枝叶发黑、枯死、脱落（图6.35）。

【生活习性】安徽1年发生4代，以3龄或2龄若虫在叶背越冬。翌年3月化蛹，4月上、中旬成虫开始羽化。各代若虫发生盛期分别在5月下旬、7月中旬、8月下旬、9月下旬至10月上旬，1、2代发生较整齐，以后世代重叠。成虫多产卵于叶背。雌虫可营孤雌生殖，但孵出若虫均为雄虫。黑刺粉虱的天敌种类多达79种，以寄生蜂控制效果最为明显。

图6.35　黑刺粉虱

【防治措施】

（1）营林措施：加强抚育管理，合理修剪、疏枝，清除杂草灌木，增进通风透光。

（2）化学防治：抓住1龄若虫盛期进行喷药，重点喷射树冠中下部。药剂可选用50%辛硫磷1000倍液，或10%吡虫啉2000～2500倍液，或25%扑虱灵1000～1500倍液等。

（3）保护和利用天敌。

16. 茶网蝽

【学名】*Stephanitis chinensis* Drake，属半翅目网蝽科冠网蝽属。

图 6.36 茶网蝽

【危害状】成虫、若虫群集于叶背刺吸汁液,受害叶片出现许多密集的白色细小斑点,呈灰白色,显著影响植株的光合作用。后期在叶片背面附着有黑色黏液状排泄物(图 6.36)。

【生活习性】四川 1 年 2 代,以卵在下部叶片背面越冬,也有以成虫越冬。越冬卵于翌年 4 月上中旬至 5 月上旬孵化,越冬代若虫发生盛期在 5 月上、中旬,成虫发生期在 5 月中旬至 7 月中旬。第二代卵期在 5 月下旬～9 月下旬,7 月下旬～10 月下旬进入若虫期,8 月中旬进入若虫盛发期,8 月中旬成虫开始出现,9 月中旬至 10 月上旬为成虫盛发期。若虫有群集性,虫龄增大开始分散。天气温和干燥,发生重;气温高、湿度大,则发生轻。

【防治措施】

(1) 物理防治:受害严重的植株在早春进行重修剪并将其烧毁,消灭越冬卵。

(2) 化学防治:第一代幼龄若虫发生盛期是防治关键期。药剂可选用 40%乐果乳油 1500 倍液,或 80%敌敌畏乳油 1000～1500 倍液,或 90%晶体敌百虫 1000 倍液。喷药要求叶片背面都能沾上药液,隔 15 天左右再喷 1 次。

(3) 保护天敌:如军配盲蝽等。

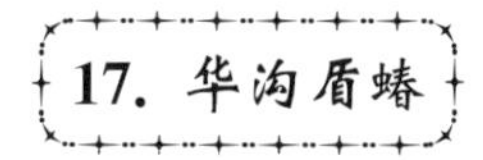

17. 华沟盾蝽

【学名】*Solenostethium chinense* Stal,属半翅目盾蝽科。

【危害状】若虫、成虫在茶果、叶片和嫩梢上刺吸汁液,降低油茶产量和出油率。此外,该虫在为害期还易诱发炭疽病等病害,引起落果(图 6.37)。

【生活习性】3～10月均可采到成虫，以成虫越冬，5～8月成虫发生量较大。

【防治措施】

（1）物理措施：冬季清除枯枝落叶和杂草并集中烧毁，可消灭越冬成虫。成虫、若虫在为害期的清晨可采取振落法捕杀。

（2）化学防治：若虫期喷洒50%辛硫磷乳油800倍液或10%吡虫啉1000倍液。

图6.37 华沟盾蝽

18. 茶丽纹象

【学名】*Myllocerinus aurolineatus* Voss，属鞘翅目象甲科。

【危害状】成虫取食嫩叶，被害叶呈现不规则的缺刻，严重影响油茶产量和出油率(图6.38)。

图6.38 茶丽纹象

【生活习性】1年1代，以幼虫在土壤中越冬。翌年天气转暖时陆续化蛹，蛹多在上午羽化。刚羽化出的成虫乳白色，在土中潜伏2～3天，体色由乳白色变成黄绿色后才出土。成虫产卵盛期在6月下旬至7月上旬，卵分批散产在根际附近的落叶或表土上。幼虫孵化后在表土中活动，取食油茶及杂草根系，幼虫入土深度随虫龄增大而加深，直至化蛹前再逐渐向上转移。成虫具假死习性，受惊后即坠落地面。

【防治措施】

（1）栽培措施：在7～8月进行林地耕锄、浅翻以及秋末施基肥、深翻，可明显降低初孵幼虫的入土及此后幼虫的存活率。

(2) 物理防治：利用成虫的假死性，在成虫发生高峰期用振落法捕杀成虫。

(3) 生物防治：喷施白僵菌孢子液，每亩用量为 100 亿孢子。

(4) 化学防治：为害盛期每 15 天喷施 1 次高效氯氰菊酯 1000 倍液或必治 1500 倍液。

19. 茶蚜

【学名】 *Toxoptera aurantii* (Boyer de Fonscolombe)，属半翅目蚜科，又称茶二叉蚜，俗称蜜虫、腻虫、油虫。

【危害状】 茶蚜聚集在新梢嫩叶背及嫩茎上刺吸汁液，受害芽叶萎缩、伸展停滞，甚至枯竭，其排泄的蜜露可招致煤污菌滋生，影响植株的光合作用和正常生长(图 6.39)。

图 6.39　茶蚜

【生活习性】 在安徽 1 年发生 25 代以上，以卵在叶背越冬。2 月下旬平均气温持续在 4℃以上时，越冬卵开始孵化，3 月上、中旬可达到孵化高峰，经连续孤雌生殖，4 月下旬至 5 月上中旬为为害高峰期。此后随气温升高而虫口骤落，直至 9 月下旬至 10 月中旬，出现第二次为害高峰期，并随气温降低出现两性蚜，交配产卵越冬，产卵高峰一般在11月上中旬。茶蚜喜在日平均气温16～25℃、相对湿度在70%左右的晴暖少雨的条件下繁育。茶蚜趋嫩性强，以顶芽下的第一、第二叶上的虫量最大。

【防治措施】

(1) 化学防治：用10%吡虫啉或50%辛硫磷等进行喷雾。

(2) 保护天敌：保护瓢虫、草蛉、食蚜蝇等捕食性天敌和蚜茧蜂等寄生性天敌。

其他叶部害虫：茶梢尖蛾(见枝干害虫)、茶木蛾(见枝干害虫)、绿磷象甲(见果实害虫)、铜绿丽金龟(见根部害虫)。

二、枝干害虫

1. 茶梢尖蛾

【学名】*Parametriotes theae* Kuz，属鳞翅目尖翅蛾科，又名茶梢蛀蛾，俗称钻心虫。

【危害状】幼虫取食叶肉和蛀食春梢，被害嫩梢逐渐枯萎死亡(图6.40)。

图6.40 茶梢尖蛾

【生活习性】1年1代，均以幼虫在老叶内或枝梢中越冬。翌年3～4月越冬幼虫转移到嫩梢上，每头幼虫能危害1～3个春梢，令受害枝梢枯黄而死。5月是化蛹、羽化期，成虫始见于5月底、延续至7月。成虫的卵产于叶柄附近或小枝表皮裂缝中，卵期14～16天。初孵幼虫爬向叶背，潜入叶肉蛀食，叶面出现

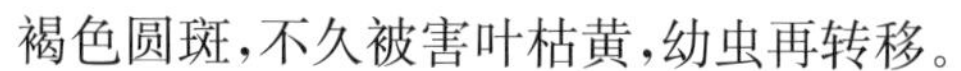
褐色圆斑，不久被害叶枯黄，幼虫再转移。

【防治措施】

（1）苗木检疫：加强检疫，防止传播蔓延。

（2）人工防治：该虫危害状明显，可在秋季至翌年5月间剪除枯梢并加以销毁。

（3）物理防治：成虫具趋光性，可用黑光灯进行诱杀。

（4）生物防治：小茧蜂、寄生蝇、蜘蛛和白僵菌均为该虫的天敌，要加以保护和利用。

（5）化学防治：在幼虫转移阶段（3、4月），喷洒16%虫线清乳油800倍液或50%杀螟松1000倍液等；在成虫羽化盛期，喷施溴氰菊酯或80%敌敌畏乳剂1500倍液。

2. 油茶织蛾

【学名】 *Casmara patrona* Meyrick，属鳞翅目织叶蛾科，又名油茶蛀梗虫。

【危害状】 幼虫钻蛀枝条，被害枝初呈凋萎状，日久均枯死，易折断，蛀孔外留有虫粪（图6.41）。

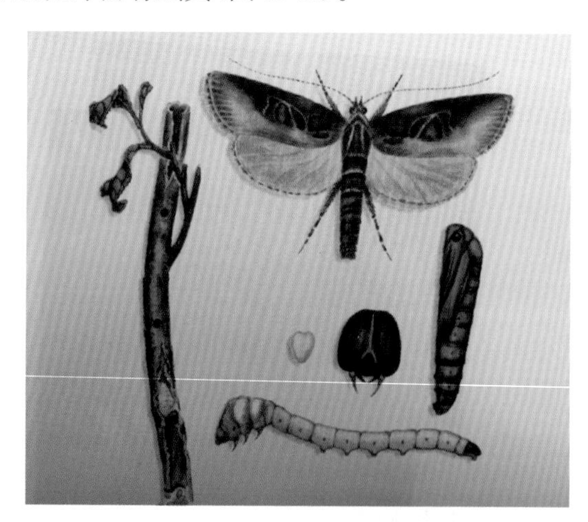

图6.41　油茶织蛾

【生活习性】1年1代,以老熟幼虫在被害枝干内越冬。在江西,越冬幼虫于翌年4月下旬开始化蛹,5月上旬为化蛹盛期,5月下旬~6月上旬成虫羽化,6月中下旬幼虫孵化。成虫有趋光性,卵散产于嫩枝上,初孵幼虫从侧枝嫩梢的叶腋处蛀入并留有虫粪,蛀入部位以上枝叶相继枯死,被害枝的直径大多在8~18毫米。

【防治措施】

(1) 营林措施:加强栽培管理,保持通风透光,剪除受害枯枝(以7~9月为好)。

(2) 物理防治:黑光灯诱杀成虫。

(3) 生物防治:保护林内长距茧蜂(*Calcaribracon camaraphilus*)等天敌。

(4) 化学防治:在成虫羽化高峰期,喷洒40%乐果乳油500倍液,或2.5%天王星1500倍液,或90%晶体敌百虫1000倍液;在初孵幼虫期,喷洒50%敌马合剂或90%敌百虫500倍液。集中喷洒枝梢。

3. 茶木蛾

【学名】*Linoclostis gonatias* Meyrick,属鳞翅目木蛾科,又名油茶堆沙蛀蛾、茶枝木掘蛾。

【危害状】幼虫钻蛀油茶枝条,啃食树皮,取食叶片,蛀孔外结有丝包并粘满枝干皮屑和虫粪,形成黄褐色沙堆状巢并附着在被害处周围,故名堆沙蛀蛾(图6.42)。

【生活习性】1年1代,以老熟幼虫在被害枝蛀道内越冬。在湖南长沙,越冬幼虫于翌年5月中旬开始化蛹,延至8月下旬;6月中旬开始成虫羽化直至9月上、中旬;7月上旬成虫开始产卵直至9月上旬;7月中旬开始幼虫孵化,老熟后即在蛀道内作茧化蛹。成虫多产卵于嫩叶背面;初孵幼虫吐丝缀叶,潜居其间,取食叶肉;3龄开始蛀害枝干,蛀孔外以丝黏附树皮屑和虫粪,形成黄褐色堆沙状巢。树龄大、树势衰退、管理粗放的衰老油茶园受害重。

图 6.42　茶木蛾

【防治措施】

(1) 营林措施:加强油茶园水肥管理,增强树势,提高抗虫性是根本措施。

(2) 人工防治:此虫的危害状十分明显,定期剪除被害叶和被害枝条并加以销毁。

(3) 化学防治:7 月底前后,在幼虫盛孵期喷洒 2.5%溴氰菊酯乳油 1500～2000 倍液或向虫道内注射 10%吡虫啉 1500 倍液。

4. 黑跗眼天牛

【学名】*Chreonoma atritarsis* Pic,属鞘翅目天牛科,又名油茶蓝翅天牛、茶红颈天牛。

【危害状】成虫取食嫩枝皮层和叶片;幼虫多蛀害 10～20 毫米粗的枝干,被害处组织受到刺激而膨胀成结节状,结节以上枝叶褪绿、易折,造成树木枯萎(图 6.43)。

【生活习性】在安徽 2 年 1 代,均以幼虫在蛀道内越冬。在江西越冬幼虫于3月底、4月上旬开始化蛹，4月中旬～5月下旬为化蛹盛期，4月下旬～6月上旬为成虫羽化期。成虫经补充营养后交尾产卵，在枝干表皮咬出“U”形或马蹄形产卵刻槽，每槽产卵1粒。5月中旬～6月中旬幼虫孵化。各虫态历期为卵期18～20天，幼虫期22个月，蛹期18～27天，成虫寿命20余天。

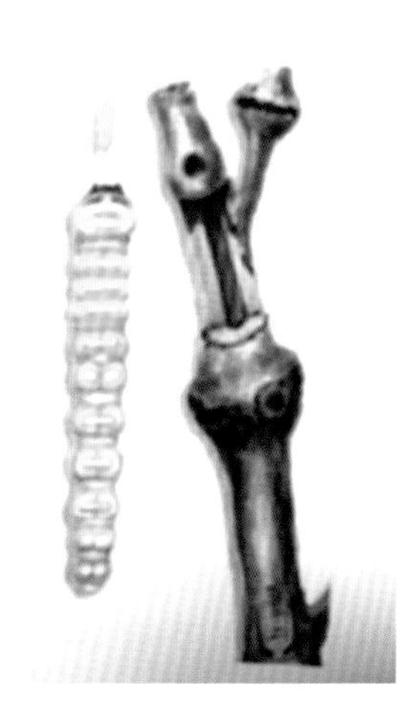

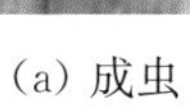

(a) 成虫　　(b) 危害状

图6.43　黑跗眼天牛

【防治措施】

(1) 人工防治：在成虫羽化出孔盛期人工捕杀；在成虫产卵期刮除幼虫或卵；秋冬季结合油茶修剪，剪除被害枝并集中烧毁。

(2) 树干涂白：在4月中下旬即成虫产卵前，用涂白剂涂刷枝干，以防产卵。

(3) 化学防治：在成虫盛发期喷施3%高渗苯氧威乳油2000倍液，或75%亚胺硫磷乳油，或80%敌敌畏乳油1000倍液等。

5. 茶天牛

【学名】*Aeolesthes induta* Newman，属鞘翅目天牛科，又名

茶褐天牛。

【危害状】幼虫钻蛀油茶的干基部、根颈与根部，严重时常将根蔸蛀食一空，受害植株生长衰退以至枯萎死亡。老残林受害重，但目前对油茶幼林也有危害(图 6.44)。

(a) 危害状

(b) 幼虫

(c) 受害植株

图 6.44　茶天牛

【生活习性】多数 1～2 年发生 1 代，也有 3 年完成 1 代的，以成虫或幼虫越冬。越冬成虫一般于 5 月中旬开始外出，交尾，产卵。卵多产于主干基部近地面处的树皮下，尤其是 30 年以上的老树。初孵幼虫在皮下取食不久即蛀入木质部，先向上蛀食一段，再向下蛀食，直至根部。蛀道大而弯曲，在蛀道口可见大量蛀屑、粪粒堆积，蛀入主根可深达 30 厘米左右。各虫态历期为卵期 10 天左右、幼虫期 6～10 个月、蛹期 24～30 天、成虫期约 15 天、越冬成虫可达 120 天左右。成虫白天静伏于树丛荫蔽处，夜间活动，趋光性强，但飞翔力较弱。

【防治措施】

(1) 营林措施：加强油茶园管理，对衰老油茶园进行更新复壮，增强树势。

(2) 物理措施：该天牛飞翔力弱，且活动产卵部位很低，容易发现和捕捉，可于 5 月中旬开始，人工集中捕杀成虫，坚持数年，效果显著。

(3) 树干涂白：于成虫初发期(5～6 月)用涂白剂涂刷油茶

树主干基部距地面50厘米以内部分，以防成虫产卵。

(4) 化学防治：用注射器向虫孔注射10%吡虫啉1500倍液，或用棉团蘸敌敌畏农药塞入虫孔，再用泥团封孔，毒杀幼虫。在成虫羽化期喷8%绿色威雷200倍液。

6. 南方油葫芦

【学名】*Gryllus testaceus* Walker，属直翅目蟋蟀科(注：东方蝼蛄 *Gryllotalpa orientalis* Burmeister 也可产生类似症状的危害)。

【危害状】危害多种林木幼苗，本书只关注它对油茶枝干的损害：啃咬树皮、枝干局部，严重时大部分枝干的皮层被啃食，导致枝条枯死、甚至整株幼树枯死(图6.45)。

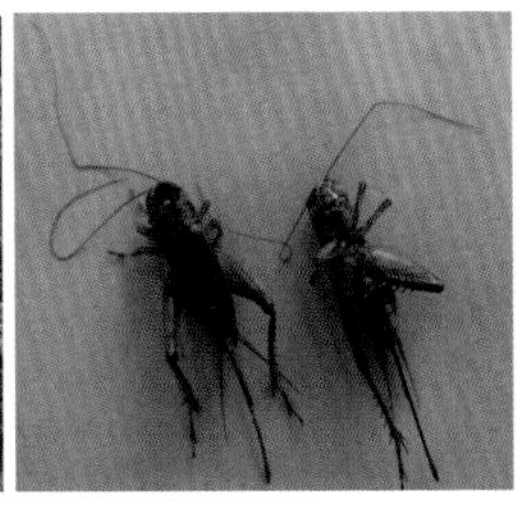

图6.45　南方油葫芦

【生活习性】1年1代，以卵在土壤中越冬。成虫盛期在8月上、中旬，9月上旬进入交尾期、产卵期，于翌年5月孵化出土。成虫喜栖于温凉、阴暗、潮湿的草丛中、土块下，夜间活动取食，以22时以后为盛，杂食性，有趋光性。

【防治措施】

(1) 灯光诱杀：羽化期间用灯光诱杀，晴朗、无风、闷热的天气诱杀效果最好。

(2) 毒饵诱杀：用90%敌百虫原药0.5千克加水5千克，拌饵料50千克制成毒饵。饵料(麦麸、谷糠、稗子等)要煮至半熟或炒香，以增强引诱力。傍晚时将毒饵均匀撒在林地上。

(3) 马粪、鲜草诱杀：在步道间每隔 3 米挖 1 个深约 50 厘米、长宽各 30 厘米的小坑，坑内放牛马粪或带水的鲜草，加上毒饵更好，上盖干草，次日清晨打开干草捕杀。

7. 黑翅土白蚁

【学名】*Odontotermes formosanus*（Shiraki），属等翅目白蚁科。

【危害状】工蚁啃食幼树根茎、树皮、韧皮部，使树木生长衰弱甚至死亡（危害幼苗时）。害虫从树木伤口侵入木质部，致树体空心，同时被害树干外会形成大块蚁路，严重时泥被环绕整个干体形成泥套，其特征十分明显（图 6.46）。

(a) 危害状

(b) 成虫

图 6.46 黑翅土白蚁

【生活习性】黑翅土白蚁为土栖昆虫，筑巢于地下数米深处。规模大的蚁群中，蚂蚁数量可达百万以上。蚁群内幼蚁数量极多，工蚁保持在 85%以上，兵蚁在 15%以下。蚁群经 8 年左右成熟，产生有翅成虫并分群繁殖。有翅成虫在 3～4 月羽化，在 4～6 月分飞，分飞多在 19～21 点天气闷热时进行，并分几次完成。有翅繁殖蚁成群涌出分飞孔，在低空飞舞（称婚飞），雌雄配对后落地脱翅，钻入土缝中，成为新的蚁王、蚁后。新巢建于地下，巢深 1～2 米。黑翅土白蚁喜湿怕渍，喜温怕冷，活动性与土温关系密切。每年 4～5 月土温回升，地面泥被线增多，工蚁开始频繁外出觅食；7～8 月土温较高时，地表活动减弱；9 月土温降低，地面活动又趋活跃；11 月以后，工蚁、兵蚁全部归巢。

【防治措施】

（1）挖蚁巢：清洁地面上的枯枝落叶，如发现有鸡枞菌、分群孔，应结合地形特征和泥路特征，进行人工挖巢。

（2）化学防治：防治白蚁的药剂有乐斯苯、吡虫啉、毒死蜱、呋喃丹等。既可在树干周围埋施或浇灌，也可撬开树干上的新鲜蚁路，在活的白蚁身上喷施。

（3）诱杀：① 黑光灯灯光诱杀，在繁殖蚁羽化分飞盛期，用黑光灯诱杀有翅成蚁。② 毒饵诱杀，在树木四周设诱蚁坑，埋入松木、蔗渣、木薯茎等，诱白蚁入坑，并每月检查 1 次，将发现的活蚁杀死。

8. 黄翅大白蚁

【学名】*Macrotermes barneyi* Light，属等翅目白蚁科。

黄翅大白蚁与黑翅土白蚁的主要区别为：（1）黄翅大白蚁的有翅成虫头胸腹部暗红棕色，足棕黄色或翅黄色（图 6.47）；（2）黑翅土白蚁的有翅成虫全体呈棕褐色、翅黑褐色。

其他参见黑翅土白蚁。

图 6.47　黄翅大白蚁

其他枝干(嫩梢)害虫:(1) 蜡蝉类(缘纹广翅蜡蝉、碧蛾蜡蝉、柿广翅蜡蝉);(2) 华沟盾蝽。

三、果实害虫

1. 绿鳞象甲

【学名】*Hypomeces squamosus* Fabricius,属鞘翅目象甲科,又名绿绒象甲。

【危害状】成虫取食叶片造成缺刻或孔洞,在油茶果面上造成表面缺损(图 6.48)。

图 6.48　绿鳞象甲危害状

【生活习性】长江流域 1 年 1 代,多以幼虫在油茶园表土内越冬,6 月成虫盛发,8 月成虫开始入土产卵。

【防治措施】

(1) 营林措施:清除杂草,在幼虫期和蛹期进行中耕可杀死部分幼虫和蛹。

(2) 人工捕杀:利用成虫假死性,振动油茶树,树下用东西接住,集中杀死。

(3) 用胶粘杀:将桐油加热熬制成牛胶糊状(或其他黏性物)后,涂在树干基部,宽约 10 厘米,象甲在上树时被粘住。涂一次有效期 2 个月。

(4) 化学防治:绿鳞象甲抗药性较强,药剂防治效果不理想,一般不需单独防治。如果防治成虫可用倍硫磷 1000 倍液,或敌百虫、吡虫啉、敌敌畏 500 倍液。

2. 油茶果象

【学名】*Curculio chinensis* Chevrolat,属鞘翅目象虫科,又名茶籽象甲。

【危害状】成虫将头管插入油茶果中蛀食,造成落果,并且伤口易引起油茶炭疽病;幼虫在果内蛀食籽仁,使油茶果早落或成空壳(图 6.49)。

图 6.49 油茶果象

【生活习性】2 年 1 代,以幼虫和新羽化成虫在土中 10～20 厘米深处的土室内越冬。如以幼虫越冬,越冬幼虫滞育到第二年 8 月下旬化蛹,约经 1 个月羽化成虫,仍在土中越冬,第三年 4～5 月陆续出土。越冬成虫于第二年 4 月中旬后陆续出土活动,6 月为出土盛期。5～8 月成虫蛀食果实补充营养,5 月下旬至 8 月为产卵期,产卵盛期 6 月中旬至 7 月。6 月中旬开始幼虫孵化，幼虫共4龄，8月下旬开始幼虫陆续老熟，脱果入土做土室越冬，并以此虫态在土中生活1年，再于来年春化蛹、羽化为成虫后出土。

【防治措施】

(1)营林措施：冬季深翻土壤，消灭土壤中的幼虫和蛹。

(2)人工防治：在7～9月，每5天捡拾落果1次，集中烧毁。在晾晒茶籽的场地周围土中，尤其在松土中越冬幼虫很多，可集中挖出消灭。

(3)化学防治：在成虫大量飞出期，可用90%敌百虫晶体1000倍液，或20%杀灭菊酯乳油，或20%氰戊菊酯乳油2000～3000倍液，喷杀2～3次。

3. 桃蛀螟

【学名】*Dichocrocis punctiferalis* Guenée，属鳞翅目螟蛾科，又名桃蛀野螟、桃蠹螟、桃斑螟等。

【危害状】幼虫蛀食油茶果实，蛀入孔处堆积很多深褐色粒状虫粪，并流出黄褐色胶液，致使果实腐烂、脱落。幼虫会转移蛀食多个果实，造成“十果九蛀”，对茶果产量与品质影响很大(图6.50)。

【生活习性】1年4代，以老熟幼虫在树皮缝、树洞、蛀道等处越冬。越冬成虫4月中下旬开始羽化，并在果上产卵。卵散产，初孵幼虫作短距离爬行后，即蛀入果、梢等内取食。枝叶密集，特别是两相碰接处产卵较多。5月下旬到6月上旬为第一代产卵高峰期，以后各代产卵期分别为7月上中旬、8月上中旬、9月上中旬，卵期6～7天。第一代幼虫孵化高峰在6月下旬，第一代成虫于6月中旬开始羽化，第二代成虫7月中旬发生，第三代成虫8月中旬羽化，第四代成虫9月上旬羽化，10月以后，老熟幼虫在被害果、梢或树下吐丝、结白色茧、化蛹。

(a) 幼虫　　(b) 成虫

(c) 危害状 1　　(d) 危害状 2

图 6.50　桃蛀螟

【防治措施】

(1) 物理防治:合理修剪、疏枝、疏果,减少卵量;捡拾落果、剪除虫梢,加以集中烧毁,消灭果内幼虫;设置糖醋液诱杀成虫。

(2) 化学防治:8 月上旬至下旬喷施 1%苦参碱可溶性液剂 800 倍,或 25%灭幼脲Ⅲ号 3000 倍液,或 1.8%阿维菌素乳油 1000～2000 倍液。

四、根部害虫

1. 东方蝼蛄

【学名】*Gryllotalpa orientalis* Burmeister,属直翅目蝼蛄科,又名非洲蝼蛄,俗称土狗子、拉拉蛄。

图 6.51　东方蝼蛄

【危害状】成虫或若虫咬食根部及靠近地面的幼根茎，使之呈不整齐的丝状残缺，还在土壤表层开掘纵横交错的蛀道，使幼苗须根与土壤脱离、枯萎而死，造成缺苗断垄（图 6.51）。

【生活习性】1 年 1 代，以老熟若虫或成虫在土中越冬。第二年 4 月越冬成虫开始取食，4～5 月交配产卵，在腐殖质较多、较潮湿的土下（5～10 厘米）筑土室，卵产在其中。越冬代若虫 5～6月羽化，若虫孵化后先取食腐殖质，2 龄后分散活动。若虫 9 月蜕皮变为成虫，10 月下旬入土越冬，发育晚的则以老熟若虫越冬。该虫晚上活动，可在土下 25～30 厘米处形成纵横蛀道。成虫飞翔能力很强，有趋光性、趋粪性。喜砂质土壤，故春、秋季低洼较湿的砂质壤土的苗圃易于发生且危害严重。土温为 15.2～19.9℃时，最适宜东方蝼蛄活动，温度过高或过低时，则潜入深层土中。

【防治措施】

（1）栽培措施：冬耕深翻，适时中耕，清除园圃杂草，施用有机肥要充分腐熟。

（2）黑光灯诱杀：在成虫发生期设置黑光灯诱杀成虫。

（3）毒饵诱杀：在苗圃步道间每隔 20 米左右挖一小坑，将马粪或带水的鲜草放入坑内诱集，翌日清晨于坑内集中捕杀，或用炒香的麦麸 5 千克，加 90％敌百虫 50 克，再加上适量水配成毒饵，于傍晚撒在林间诱杀。

（4）化学防治：选用乳油制剂如国光土杀（40％毒死蜱・辛硫磷）1000 倍液浇灌。

（5）生物防治：在土壤中接种白僵菌，使蝼蛄感染而死。

2. 铜绿丽金龟

【学名】*Anomana corpulenta* Motschulsky，属鞘翅目金龟科。金龟子幼虫统称蛴螬，俗称土蚕、地蚕。

【危害状】蛴螬咬食苗木或幼树的根部或根部皮层，使主侧根被咬断或环状啃食3年生左右的幼树根皮，导致苗木发黄枯死。金龟子成虫和幼虫均可对苗木造成危害（图6.50）。

(a) 幼虫啃咬树皮

(b) 致植株枯萎

(c) 成虫（金龟子）

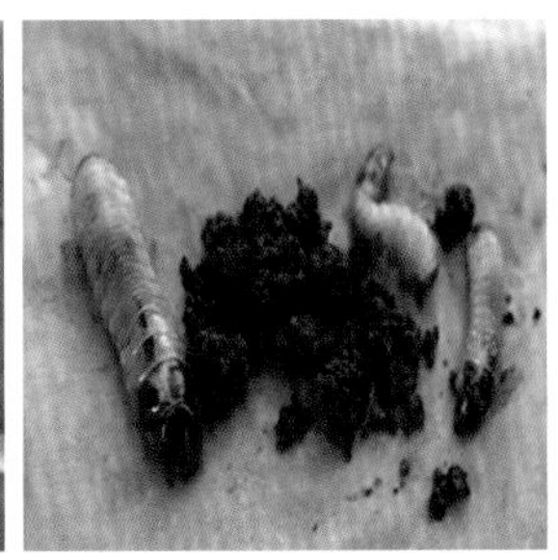
(d) 幼虫（蛴螬）

图6.52　铜绿丽金龟

【生活习性】1年1代，以幼虫在土中过冬。越冬幼虫于4月上升至表土，5月间再钻入深16厘米左右的土中做土室化蛹，6月上旬开始羽化为成虫，6月中旬至7月上旬为成虫盛发期，大量取食幼树叶片，至 8 月下旬终止。成虫产卵于土中。7～8月出现 1、2 龄幼虫，食量小；9 月间大多为 3 龄幼虫，食量大。成虫于黄昏出土活动，凌晨潜回土中，有假死性和强烈的趋光性。

【防治措施】

(1) 栽培措施：秋末深翻土地，生长季节及时清除杂草，可降低虫口数量。

(2) 物理防治：利用该虫假死性，于傍晚突然摇振幼树，捕杀落地成虫；黑光灯诱杀。

(3) 化学防治：① 土壤处理：每公顷用 50%辛硫磷乳油 100 毫升，加少量水稀释后拌细土 15～20 千克，制成毒土，在定植时均匀撒施穴内，覆土后定植。② 拌种：采用辛硫磷或辛硫磷微胶囊拌种，种子上药剂含量达 0.05%～0.1%。③ 药液浇灌：在幼虫发生多、危害重的地块，用 50%辛硫磷乳油 250 克，加水 1000～1500 千克顺垄浇灌；90%敌百虫原药加水 1000 倍浇灌苗木，可杀死根际附近的幼虫。④ 喷雾防治：在成虫盛发期，于傍晚对树上喷洒 50%辛硫磷乳油 1500 倍液、20%氰戊菊酯乳油 2500 倍液。

3. 闽鸠蝠蛾

【学名】*Phassus minanus* Yang，属鳞翅目，蝙蝠蛾科(Hepialidae)。

【危害状】幼虫一般危害直径为 40～95 厘米的树木。幼虫在土面下浅处蛀入木质部并形成一条蛀道，然后藏身其中。在取食时，幼虫爬出蛀道口，环绕地下主干的四周咬食韧皮部，被害处形成宽约 9～12 毫米的虫道 1～3 圈，如环状剥皮，严重阻碍植株的养料输送。当年秋冬季节植株叶片发黄脱落，渐至枯死(图 6.53)。

【生活习性】该虫在安徽的生活史不清，在福建 2 年发生 1 代，以卵或幼虫越冬。翌年越冬幼虫继续取食主根，10 月下旬至 11 月上旬成虫产卵越冬。卵散产于地上,每只雌虫可产卵数千粒。成虫具有趋光性,扑灯速度快且凶猛。

【防治措施】

(1) 营林措施:加强油茶园管理,保持林地干净,避免杂草丛生。

(2) 物理措施:一旦发现油茶叶色发生变化(变黄),立即挖开干基部浅层土壤,发现虫孔后,用钢丝插入进行钩杀(幼虫蛀道短直易于钩杀),及时清理烧毁被害致死的油茶植株。

(3) 化学防治:用注射器向虫孔内注射药剂,或用棉球蘸药塞入洞中,然后将洞口用泥土封口。药剂可选用阿维菌素乳剂,或 50%敌敌畏 300 倍液,或 50%杀螟松 500 倍液,或专用毒签等。

(a) 枯株

(b) 危害状

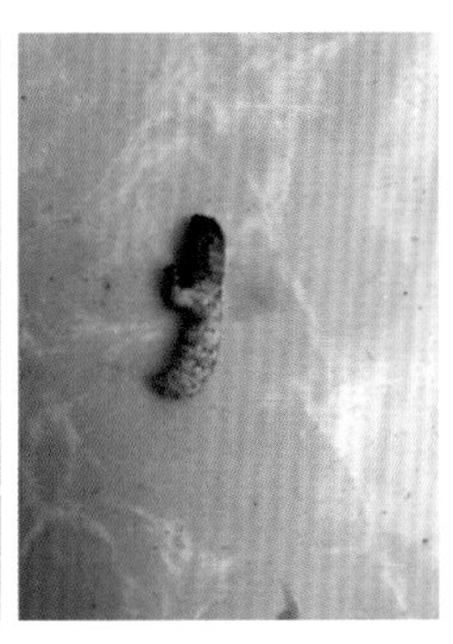

(c) 幼虫

图 6.53 闽鸠蝠蛾

闽鸠蝠蛾与茶天牛在危害状上十分相似,幼虫都在主根处蛀孔。作者在安徽省尚未见到成虫,对这两种害虫的诊断可能不够确切,但是提出的防治方法仍是可行、有效的。随着油茶面积扩大、树龄增长,这两种蛀干(或蛀根)害虫的防治需加以重视,因为它们是致死性的。

其他根部害虫:茶天牛(见枝干害虫)。

第三节 油茶灾害类型及预防

一、灾害类型分析

森林存在五大自然灾害：病害、虫害、鼠害、火灾和气象灾害。油茶是一种抗逆性较强的树种，对五类灾害的抗性表现为：

(1) 病害：过去老油茶林炭疽病是影响产量的主要因素，但现在推广的油茶良种对炭疽病抗性较强，该病已很少发生。

(2) 害虫：油茶果皮中含有一些皂甙(茶皂素)、单宁和咖啡因，适口性和消化性较差，多数害虫并不喜欢啃食(与其他经果林相比，油茶虫害相对较轻)。

(3) 鼠害：与害虫类似。

(4) 油茶为耐火性较强的树种(被列为生物防火树种)，火灾风险小。

(5) 气象灾害：油茶为深根性树种，且多为灌木类型，具有较强的抗风、抗旱等能力；但雪灾及北缘地带低温冻害等气象灾害对油茶的危害较大(第四章已专门介绍)。

因此，油茶对多数病虫及自然灾害抗性较强。虽然本书和其他一些相关书籍介绍了很多油茶病虫害，但一般危害均较轻，真正成灾、造成大面积危害的并不多见。在油茶种植过程中，只要加强管理措施，就能有效促进油茶健壮生长，病虫害是可以预防和控制的。

二、预防措施

在栽培与管护良好的情况下，油茶具有较强的抗病虫害能力，但病虫害问题也不能轻视。因为油茶是常绿树种，树冠枝叶浓密，病菌、害虫等有害生物可在树体上安全越冬，且容易逐年积累。为此，油茶仍要加强病虫害的防控，避免病虫害的发生与蔓延，预防要点如下：

（一）选用抗病品种

选育和采用抗病性强的品种是油茶病害防治的重要途径。油茶炭疽病一直是影响油茶产量的主要病害，过去依靠化学药物等防治措施很难奏效，但现在推广的所有良种均对该病有较强的抗性，新造林的炭疽病问题已基本解决。在老林改造中，若发现被炭疽病严重危害的植株，应坚决更换。因为炭疽病菌喜欢阴雨连绵、潮湿的天气，而在此天气条件下向植株喷洒药剂易失效、持效期极短，达不到防治效果。目前部分油茶林叶饼病危害较重，今后也可通过选择一些抗性较强的品种（如发叶较迟的品种）加以控制。

（二）适地适树

在选地时要依据油茶的生物学特性，选择合适的地段栽植，保证油茶有良好的生长环境。以下区域发展油茶要慎重：高纬度、高海拔、油茶易发生低温冻害的地区；坡度较大、水土流失严重、土层瘠薄、油茶易生长衰退的地段；低洼积水、土壤黏重板结、油茶易发生根腐的地段；等等。

（三）提高栽培技术

（1）整地技术：无论是育苗还是造林，在平缓地（包括低山的山岗）均应注意深沟排水，并保持畦面中间略高、不积水或渍水，否则易引起根系腐烂。油茶栽植穴要提前做好培土，以避免因临时覆土而造成穴土栽植后下沉，导致根系被深埋。

（2）栽植技术：栽植深度不能过深或过浅；裸根苗注意不能窝根或曲根；嫁接口应露在地表，千万不能深埋。

（3）施肥技术：施肥要科学，有机肥一定要腐熟后再施用，并注意不要将病菌、害虫带入土壤；化肥要注意施用量和施用方法，不可一次施用过多，或过于集中，或距离过近，否则会引起烧根。

（4）保证树体通风透光：病虫害多发生于阴湿的环境，通过控制密度或郁闭度、整形修剪等措施来保持植株具有良好的通风透光条件，不仅能大幅度提高产量，也能显著地降低病虫害的发生率。

(5) 保持林地卫生：铲除杂草和杂灌、清除病落叶、及时摘除植物病部和受害虫危害的植物组织，可有效控制有害生物的传播。

(6) 慎重用药：使用农药要科学合理，避免发生植物药害，尤其要注意除草剂对油茶新梢的伤害，如嫩梢焦枯、叶片黄花、白化等。

(四) 定期监测及时控制

除了生理性病害以外(如冻害、药害等)，有害生物造成的危害一般都有一个从少到多、逐步积累扩展的过程。因此，只要定期对油茶园进行监测，一旦发现病虫害零星出现，及时进行处理(如人工摘除等)，将其消灭在初始阶段，可达到事半功倍的效果。近 10 年来，凡是管理科学、精细的油茶林基地，病虫害极少发生或成灾。因此，只要在油茶生产过程中加强栽培管理，将上述预防措施做到位，油茶病虫害就会得到较好的控制，且这些措施与丰产稳产的目标是完全一致的。

参 考 文 献

[1] 庄瑞林.中国油茶[M].北京:中国林业出版社,2008.

[2] 姚小华.油茶实用栽培技术手册[M].北京:中国林业出版社,2011.

[3] 国家林业局科技司,中国林业科学研究院.油茶丰产栽培实用技术[M].北京:中国林业出版社,2008.

[4] 国家林业局油茶产业发展办公室,等.茶油营养与健康[M].杭州:浙江科学技术出版社,2010.

[5] 束庆龙.油茶栽培技术[M].合肥:中国科学技术大学出版社,2013.

[6] 束庆龙,张良富.中国油茶栽培与病虫害防治[M].北京:中国林业出版社,2009.

[7] 束庆龙,胡娟娟,曹志华,等.江淮地区发展油茶的可行性分析[J].安徽林业科技,2015,33(2):7-11.

[8] 韩宁林,赵学民.油茶高产品种栽培[M].北京:中国农业出版社,2009.

[9] 王其林.油茶早实丰产栽培技术研究初报[J].安徽林业科技,2015,41(5):26-28.

[10] 石怀绥.油茶栽培[M].合肥:安徽人民出版社,1976.

[11] 陈秀华,许汝佳.油茶低产林改造[M].北京:中国林业出版社,1989.

[12] 王森,钟秋平.油茶整形修剪[M].北京:中国林业出版社,2010.

[13] 孙勇.油茶整形修剪实用技术[M].北京:中国林业出版社,2016.

[14] 陈永忠,杨正华.油茶树体培育技术[M].北京:中国林业出版社,2012.

[15] 油茶整形修剪技术规程(LY/T 2677—2016)[S]. 北京:中国标准出版社,1996.
[16] 陈守常,曾大鹏. 油茶病害及其防治[M]. 北京:中国林业出版社,1989.
[17] 刘世骐. 安徽森林病虫图册[M]. 合肥:安徽科学技术出版社,1988.
[18] 赵丹阳,秦长生. 油茶病虫害诊断与防治原色生态图谱[M]. 广州:广东科学技术出版社,2015.
[19] 齐石成. 果茶新害虫:闽鸠蝠蛾初步研究[J]. 华东昆虫学报,1992,1(2):16-20.